豊かな海がある星に暮らしながら、
私たちは海のことを、どれくらい知っているでしょう？

この本には、海と私たちのかかわりを探究する９つの港があります。
宇宙や生物の話題から環境問題、毎日の食卓とのかかわり、
そして未来の仕事まで。
気になる港から海の冒険に乗り出してみてください。

この本を読みおわったときに、もっともっと海のことを知りたくなっていたら、
そして海に行きたい気持ちになっていたら、これ以上にうれしいことはありません。
それでは「あおいほしのあおいうみ」の冒険の旅へ、いざ出航！

海と生活・仕事

海と未来・変革

専門家に聞いてみた！

「うみ」

詩／谷川俊太郎　イラスト／木内達朗

うみ　おおきいうみ
うみ　ひかるうみ
うみ　すきとおるうみ
どこまでも

うみ　やさしいうみ
うみ　ゆれるうみ
うみ　くじらのすむうみ
ふかいうみ

うみ　おそろしいうみ
うみ　さけぶうみ
うみ　あくびするうみ
ねむるうみ

うみ　なつかしいうみ
うみ　うたううみ
うみ　たいせつなうみ
いつまでも

海と宇宙・地球

1

2

この港で出会うキーワード

#ファーストスター #超新星爆発 #星間物質
#ハビタブルゾーン #ガニメデ #エウロパ #エンケラドス
#系外惑星 #宇宙望遠鏡 #スーパーアース #地球型岩石惑星
#海洋天体 #宇宙の海の多様性 #アストロバイオロジー
#マグマオーシャン #ジャイアントインパクト #スノーボールアース
#エディアカラ生物群 #カンブリア大爆発

1 海がある星

地球はいつ生まれたの？

海を探究する最初の旅は時空を超えて宇宙のはじまりへ！　138億年前、宇宙が生まれたときには水も岩石もなかった。3億年くらいあとに、ようやくファーストスターと呼ばれる最初の恒星（自分の力で光る星）が生まれた。
水が生まれたのは、さらにそのあとの時代だと考えられているよ。

超新星爆発

この星は太陽のおじいさん
寿命をむかえたときに大爆発を起こして、たくさんの物質が宇宙空間に飛び散った

ファーストスターのあと、星は何世代にもわたって誕生と死をくりかえす。そのサイクルを続けながら、星の内部で少しずつ重い物質がつくられていった。私たちの太陽系の星々の材料となるくらいたくさんの重い物質をもった「太陽のおとうさん」の命が尽きて、ようやく太陽や地球が生まれることができたんだ。
※太陽のおとうさんやおじいさんが輝いていたのがいつなのかはわかっていないんだって

135〜130億年前ごろ

水素と酸素がくっついて
水分子(H_2O)ができた!

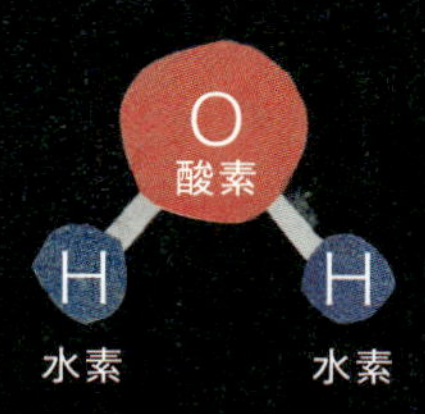

原始太陽系円盤

この中で地球や木星などの惑星(自分では光らない星)が生まれた

星間物質(ガスやちり)が集まって新しい星が生まれる

超新星爆発

この星は太陽のおとうさん

中心部で鉄などの重い物質がつくられて、再び大爆発して一生をおえた

46億年前ごろ

星間物質(ガスやちり)が集まって新しい星が生まれる

私たちの太陽

再びガスやちりが集まって太陽が誕生した。いまの年齢は46億歳。あと50億年は光り続ける

水星、金星の次。太陽から3番目に近い場所に、海がある青い星、地球が生まれた

海がある星は宇宙のどこにある？

宇宙のどの星にも地球のように海があるわけじゃない。太陽に近い水星や金星は熱すぎて水が蒸発しちゃうし、火星より遠いと寒すぎて凍りついてしまう。地球は太陽からちょうどよい距離と大きさの星だったため、大気も海もできたし、海から生命が生まれることも可能になったんだ。

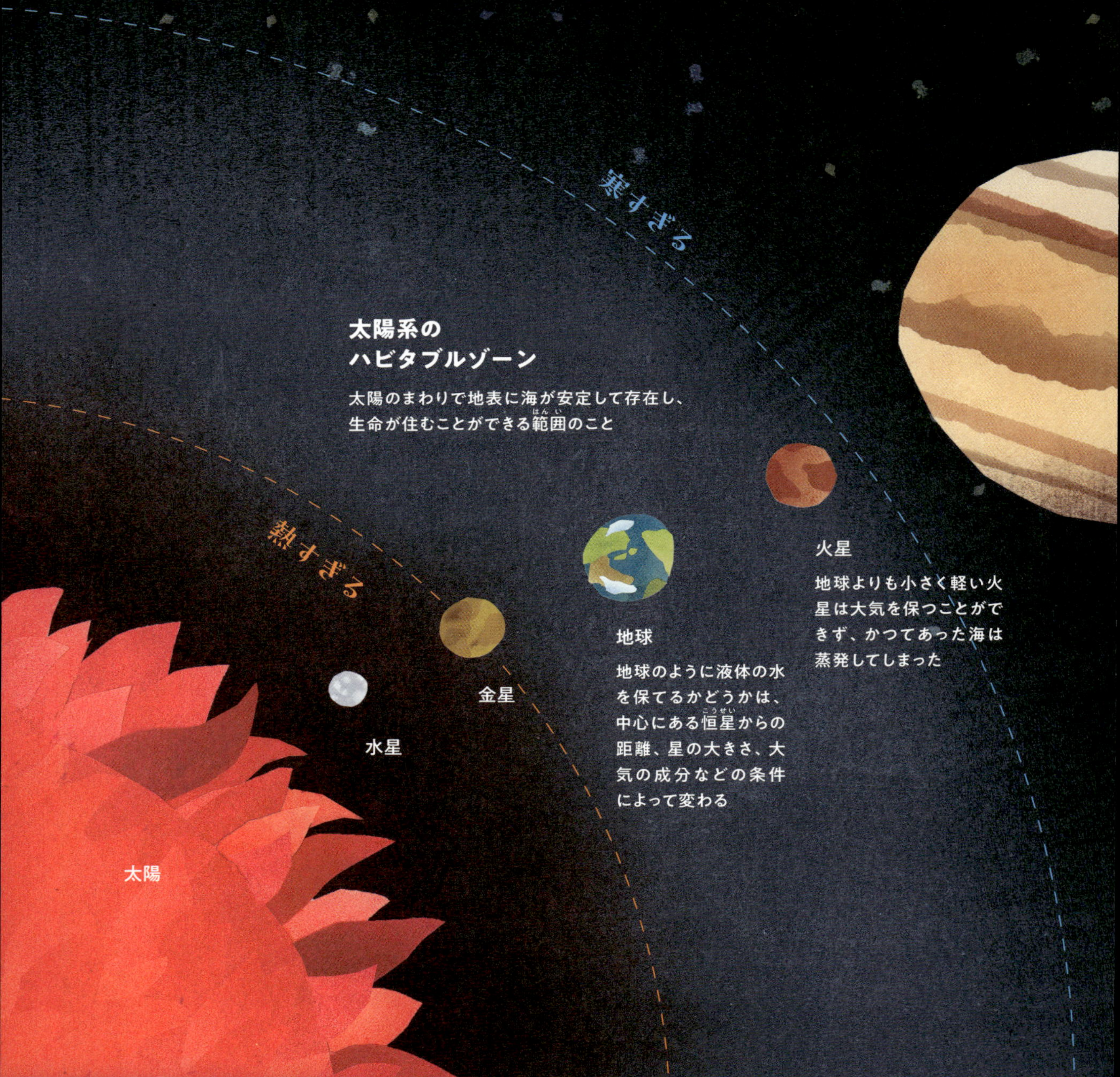

寒すぎる

太陽系のハビタブルゾーン

太陽のまわりで地表に海が安定して存在し、生命が住むことができる範囲のこと

熱すぎる

火星

地球よりも小さく軽い火星は大気を保つことができず、かつてあった海は蒸発してしまった

地球

地球のように液体の水を保てるかどうかは、中心にある恒星からの距離、星の大きさ、大気の成分などの条件によって変わる

金星

水星

太陽

地球の深海の研究から、木星や土星にある、内部に海をもつ衛星（惑星をまわる星）が注目されている。これらの星の研究が進めば、生命が住める範囲は大きく広がっていく可能性がある

→次のページ

天の川銀河のハビタブルゾーン

地球型惑星（岩石でできている地球サイズの惑星）がつくられやすい領域のこと

中心部はブラックホールが近いし、星が混み合っていて地球型惑星ができにくい

太陽が生まれたのは銀河の中心部からほどよく離れていて、星をつくるために十分な量の金属がある場所だった

海がある星をみつけるのは大変だけど、宇宙のどこかにきっとある。その星には、どんな海辺の風景が広がっているのかな

地球の海が宇宙の謎(なぞ)にせまる？

火星の地表にはかつて海があったと考えられているが、いまはない。そのため、太陽系で地表に海がある惑星(わくせい)は地球だけになってしまった。でも星の内側に海があると考えられている天体はいくつかあって、地球の深海底に生物が発見されたことがきっかけで、生命の存在が期待される星として注目されるようになったんだ。木星の衛星ガニメデとエウロパ、土星の衛星エンケラドスなどがその候補だ。

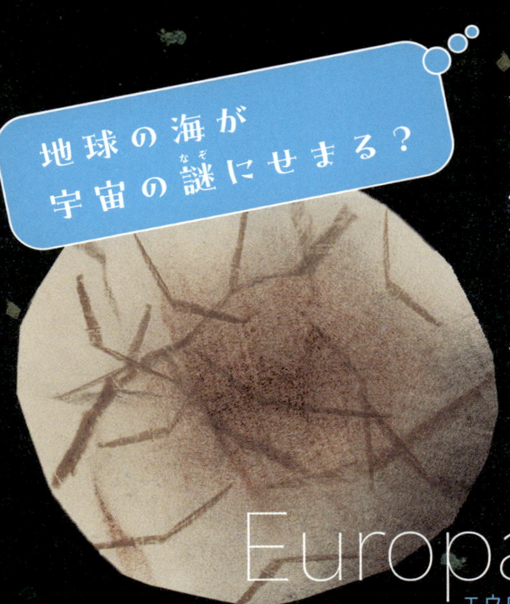

Europa
エウロパ
直径3,138km

アメリカ航空宇宙局（NASA）はエウロパ内部の海を探査するエウロパ・クリッパー計画を準備している

Ganymede
ガニメデ
直径5,262km

木星の衛星に向かうJUICE

2023年に欧州(おうしゅう)宇宙機関（ESA）が太陽系のはじまりの謎(なぞ)や生命の存在の可能性を探るため打ち上げた。2034年ごろからガニメデで本格的な調査がスタートする予定だ

土星の衛星エンケラドスを調べるカッシーニ

2015年に氷の割れ目からふき出している水を調べたところ、複雑な有機物がふくまれていた。研究者たちは氷の下の海に生命の材料となる有機物をつくり出す熱水活動があるのではないかと考えている

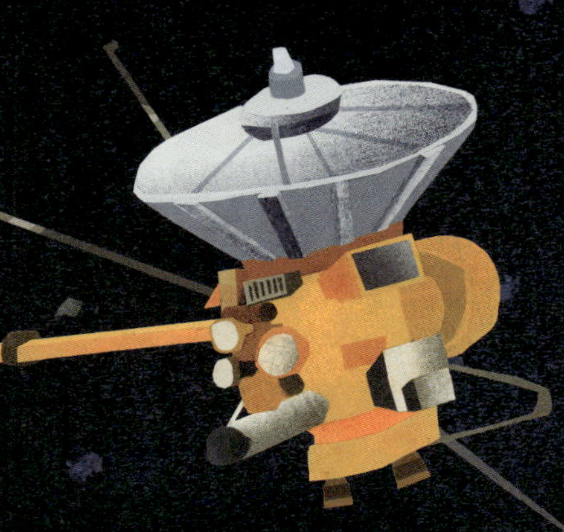

Enceladus
エンケラドス
直径502km

NASAでは21世紀なかばごろの実現を目指して、ふき出す水の近くに着陸して調査するエンケラドス・オービランダーという構想も提案されている

地球の海の底を調べるしんかい6500

20世紀の海洋研究の大発見は、地球の深海底で熱水がふき出す場所と、そこに暮らす生物を見つけたことだ。地球の生命の起源は深海かもしれないと考える研究者もいる。そのためエウロパやエンケラドスの海にも生命の痕跡（こんせき）が見つかるもしれないと期待されているんだ

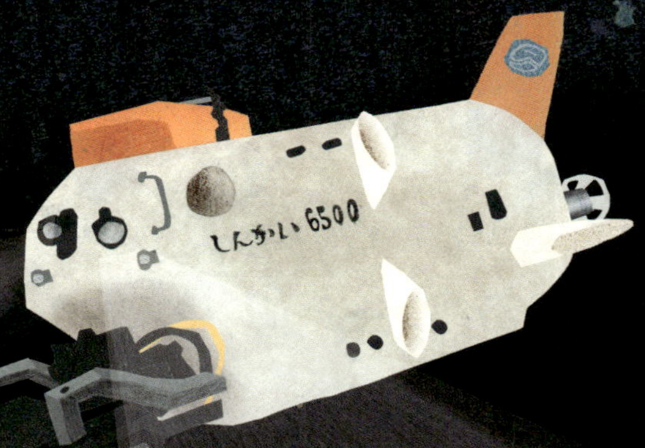

宇宙や生命の謎を解くカギが、いまもだれかの発見を待ちながら地球の海に眠（ねむ）っているかもしれないね

太陽系の外には地球のような星がたくさんある？

太陽系の外にある惑星（系外惑星）は1995年に最初に発見されてからすごいスピードで観測が進み、いまでは6,000個近い※惑星が見つかっている。木星や海王星のようなガス惑星のほかに、地球のように岩石でできた惑星も発見され、中には水の存在が確認された星もある。天の川銀河だけで数千億の星があることを考えると、宇宙には地球のような海がある星は、きっと無数にあるんじゃないかな。

※最新の発見数はNASAのホームページへ
https://science.nasa.gov/exoplanets/discoveries-dashboard/

ケプラー宇宙望遠鏡

系外惑星を見つけるためにつくられて大活躍した。2018年に引退するまでに2,600個以上の惑星を発見した

TESS
（トランジット系外惑星探索衛星）

ケプラー宇宙望遠鏡のあとに運用がはじまった系外惑星観測専門の宇宙望遠鏡

21世紀は地球の外に浮かぶ宇宙望遠鏡の時代！

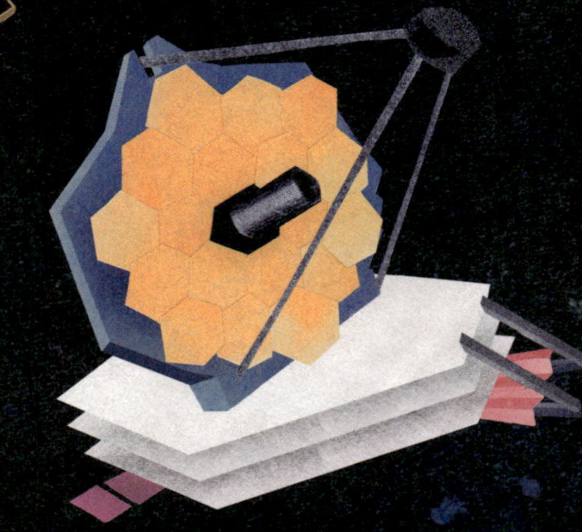

ジェームズ・ウェッブ宇宙望遠鏡

2022年から本格的な観測をはじめた最新型の宇宙望遠鏡。このあともナンシー・グレース・ローマン宇宙望遠鏡、ハビタブル・ワールド・オブザーバトリーなど、続々と新しい宇宙望遠鏡が計画されている

木星型ガス惑星

土星や木星の大きさ、あるいはその何倍も大きなガス惑星。中心の恒星(こうせい)に近いところをまわっていて表面温度が高いガス惑星は、ホットジュピター(熱い木星)と呼ばれ、これまでにたくさん見つかっている

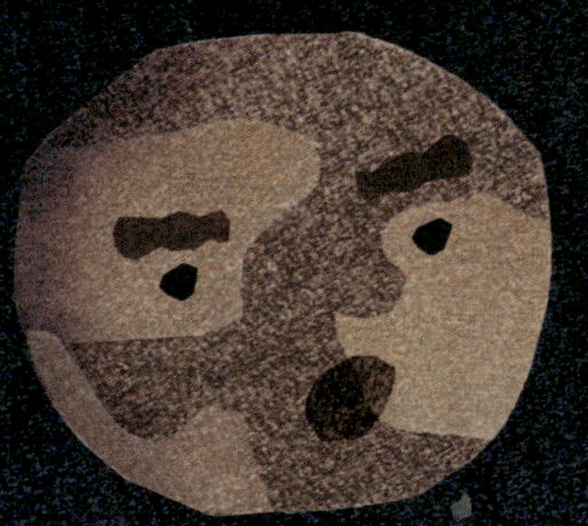

スーパーアース

地球の数倍の大きさの岩石惑星のこと。私たちの太陽系にはないけど、宇宙には多く見つかっている。見つかったスーパーアースには海があると考えられているものもある

地球型岩石惑星

太陽系では水星・金星・地球・火星がこのタイプ。小さくて見つけにくいが、観測技術が向上することで、このタイプの星の発見は増えていきそうだ。地球のように海がある星も、きっと見つかるだろう

海王星型ガス惑星

天王星や海王星と同じくらいの大きさのガス惑星。冷たい星が多いが、暖かい場合もある

地球はひとりぼっちじゃないかもしれない。その答えがわかるのは、きっともうすぐ!

＼矢野 創さん教えてください！／

宇宙と深海の研究 につながりがあるってほんとですか？

宇宙探査の研究と、深海調査の研究。まったく別の分野のように思えるけれど、どうやらこの２つは密接にかかわっているらしい。日本の宇宙研究を率いるJAXA（宇宙航空研究開発機構）の研究者さんにお話を聞きました。

教えて！ 宇宙探査の研究と地球の深海底の調査にどんな関係が？

キーワードは**生命**です。宇宙探査の目的のひとつは、**地球以外に生命を宿す星を探すこと**です。そして**深海底は、地球の生命が生まれた場所**として有力な候補のひとつです。宇宙で見つかる手がかりと、地球の深海で見つかる手がかりを合わせれば、生命のはじまりについて多くのことがわかってくるでしょう。

もしかして… 地球以外にも、海があり、生命がいる星ってあるの？

20世紀のおわりまでは、水が液体の状態で天体表面に大量にある地球のような星は見つかっていませんでした。でもその後、21世紀に入ってから、天体の表面か氷に閉ざされた地下のいずれかに**海をたたえた星がたくさん確認されました**。水が液体として安定して存在できる環境は、生命が誕生する可能性の第一歩になります。

でも 水があるだけでは生命は生まれないのでは？

その通りです。宇宙のどこかで生まれた生命がその星までたどり着くか、**生命の“原材料”が水の豊富な星に降ってきて、化学反応などを経て新しい生命が発生する必要がある**と考えられています。地球には宇宙から、たくさんのちりやいん石が降ってきています。それらにふくまれた生命の原材料が地球の生命の出発点だったかもしれません。しかし地球上で拾われたいん石のほとんどは、どの星からやってきたのかわかっていません。そこで小惑星（しょうわくせい）探査プロジェクト「はやぶさ」と「はやぶさ2」では、まず地上の望遠鏡で小惑星を観測したあと、探査機で天体表面をくわしく調査して、星のかけらを地球の実験室にもち帰りました。その結果、**小惑星リュウグウのかけらから、海水や生命の原材料ではないかと思われる物質が次々に見つかっています**。

たとえば… 氷におおわれた星でも、内側に海があれば生命は生まれる？

土星の衛星エンケラドスや木星の衛星エウロパのような星のことですね。いくら海があっても表面をぶ厚い氷に囲まれていたら、生命の原材料が宇宙から降ってきたところで氷の上にとどまるだけのように思うかもしれませんが、実は表面の氷と内部の水は少しずつ入れ替わっているのです。最近まで人類は**「生命を育む海」というと地球のように天体の表面をおおう海をイメージしてきました**が、いまでは、「海」にもさまざまな姿があることがわかってきています。**これからは宇宙の海の多様性を探究する時代だ**といえるでしょう。

私たちはまだ、太陽系の中にあるエンケラドスやエウロパの海（天体表面ではなく、内部にあるので「内部海」と呼びます）すらまだ十分に探査できていません。これから数十年間はそうした太陽系内の多彩な「海洋天体」へ探査機が出かけていき、たとえば海水の中身を直接調べることができたら、大きな前進となるでしょう。

エンケラドスの海を調べる探査機
「エンケラドス・オービランダー」の予想図
Source: NASA/Johns Hopkins' Applied Physics Laboratory

生命がつくられたのは地球の深海のような場所なの？

地球の生命が発生した環境の候補は、熱水とともにさまざまな物質がふき出している**深海底だけではありません。陸上の温泉や干潟だという研究者もいます。** 地球以外の海洋天体からもち帰ったサンプルによって地球生命誕生のヒントが得られることもあれば、逆に、地球での研究成果が地球外生命を探すヒントをもたらすこともあるでしょう。両者は互いに助け合う研究分野なんです。

21世紀のなかばにはエンケラドスの海に向けて探査機が出発するかもしれません。**海は宇宙でどれほどありふれた存在なのか、地球の生命は特別な存在なのか。これまでの生命や宇宙の見方ががらっと変わる、エキサイティングな時代**が、もうそこまで来ています。

地中にあった金属など、さまざまな物質が混ざった熱水をまるで黒煙のようにふき上げる深海底の熱水噴出孔
photo: 国立研究開発法人海洋研究開発機構

10年後に生命の起源の謎を解明するのは、いまこの本を読んでいる君かもしれない。一緒に研究しよう！

国立研究開発法人宇宙航空研究開発機構（JAXA）
宇宙科学研究所 助教
矢野 創さん

専門は太陽系探査科学、アストロバイオロジー（宇宙生物学）。日本の小惑星探査機はやぶさ、はやぶさ2のプロジェクトで試料回収ミッションを主導した。次の10年後、20年後のさらに遠い星への探査に向けて準備中。

矢野さんの研究拠点

JAXA 宇宙科学研究所
https://www.isas.jaxa.jp/

2 水の惑星のスタディツアー

1時間目 海の厚さ

今日の授業では天の川銀河・太陽系第3惑星・地球にやってきたよ。この星の特徴は、なんといっても海があること。海について学習してみよう。まず、この星の海はどれくらいの厚さなのかな？
みんなが調べたことを発表してみよう！

海の厚さは平均3.7Km

発表します！

地球の半径は約6,400km。もっとも深い海はマリアナ海溝で約11kmあるけど、地球全体で海の深さを平均すると3.7km。つまり海の厚さは地球の半径の1/1,700以下。思ったよりもうすい……みたい

地球の半径 6,400Km

ほら！
こうやって半分に切ると、地球の海の厚さはリンゴの皮よりもうすいんです！

地球の表面は山もあり海もあり、でこぼこしています。生物が暮らしていて、文明が利用しているのは、この表面だけのようです！

えーっと…

0 m

うすいといっても、この星の知的生命体である人間にとって海はものすごく深いし、まだよくわかっていないみたい…

ふーむ…

5,000m

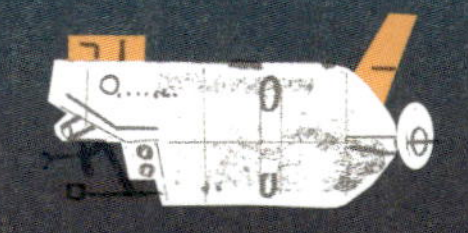

これは6,500mまでもぐれる有人潜水調査船しんかい6500。いまも活躍中！

なるほど…
思ったよりうすいけど、とんでもなく深い。それが海なんですね！

2019年に人間の冒険家ヴィクター・ヴェスコヴォが自作の潜水艇で世界記録となる10,928mまでもぐりました！

10,000m

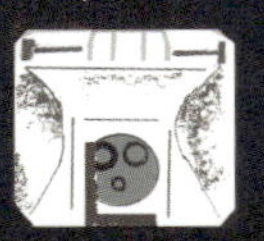

海の誕生

さて！

地球に海ができたのがいつなのか？　はっきりしたことはわかっていないが、古い岩石の調査からおよそ44億年前にはすでに海があったと考えられている。ではどうやって海ができたのか、わかるかな？　さらに時をさかのぼってみよう！

46億年前ごろ

生まれたての地球は、水をふくむ微惑星が次々にぶつかって、熱くドロドロにとけた溶岩におおわれたマグマオーシャンという状態になりました

マグマオーシャン！

水をふくんだ微惑星

生まれたばかりの地球

45億年前ごろ

このころにジャイアントインパクトと呼ばれる大事件があったみたい。火星サイズの大きな惑星がぶつかって月ができたと考えられているんだって

月が生まれた！

火星サイズの惑星

ふーむ！

月は地球の海と生命に大きな影響をあたえている存在らしいのよね

そして

44億年前ごろ

地球は少しずつ冷えていって、マグマにとけていた水蒸気が大気中に出ていった。その水蒸気が雨となって大量に地表に降って海ができたんだ。想像を絶するような、はげしい雨が1,000年以上も降り続いたといわれているよ

雨、雨、雨！

こうしてついに…海ができた！

3時間目

生命の進化

はい！

ここでは海から生まれた地球の生命が陸に上がるまでを見てみよう。40億年という、ものすごく長い時間をかけて、地球の生命は海の中でゆっくりと進化していった。たくさんの危機をのりこえて、一度も絶えることなく、いまにつながる奇跡ともいえる物語があったんだ。

シクロメデューサ

ディッキンソニア

トリブラキディウム

プテリディニウム

カルニオディスクス

44億年～42億年前

地球に磁場ができて、宇宙からやってくる危険な宇宙線を防ぐようになった

38億年前

海中の有機物を利用する単細胞の生きものが出現した

30億年前

光合成で酸素をつくるシアノバクテリアの先祖が生まれた。少しずつ時間をかけて大気中に酸素が増えていった

23億年前

全球凍結（スノーボールアース）
地球全体が凍りついた

21億年前

酸素からエネルギーをつくれる細菌を細胞内に取りこみ、真核生物が生まれた。その細菌は真核生物の細胞内で進化してミトコンドリアになった

17億年前

真核生物どうしがくっついて多細胞生物が出現した

7億年前

全球凍結（スノーボールアース）
地球全体が凍りついた

複雑な多細胞生物の海綿動物とサンゴが出現した

6.5億年前

全球凍結（スノーボールアース）
地球全体が凍りついた

6億年前

最古の動物、エディアカラ生物群が生まれた。海藻やクラゲのような生きものがたくさん暮らしていた

5億年前
大気中に増えた酸素がオゾン層をつくり、有害な紫外線を防ぐようになった。その結果、海だけでなく陸も生物進化の舞台になっていった
4.7億年前
植物が陸地に進出
4億年前
昆虫、両生類、は虫類の祖先が陸地に進出
イクチオステガ
ぼくたちに似ている生きものもいるね
5.4億年前
カンブリア大爆発
目をもつ生物が生まれ、海は弱肉強食の世界になった。海中のカルシウムから骨がつくられ、脊椎動物も誕生した
シーラカンス
ミロクンミンギア
ドレパナスピス
アノマロカリス
ピカイア
ハイコウイクティス
ウィワクシア
4.2億年前
唯一の脊椎動物だった魚類が世界の海でさかえた
ラガニア
ハルキゲニア
ゴニアタイト
ハプロフレンティス
シドネイア
オパビニア
この長い年月をよく生き残ったわねー

4時間目 月の影響

さぁ！

地球の海に降りてみよう。地球の海は1日に２回、潮が満ちたり引いたりしている。その満ち引きの差はひと月の間に大きくなったり小さくなったりする。これには月と太陽が関係しているんだ。

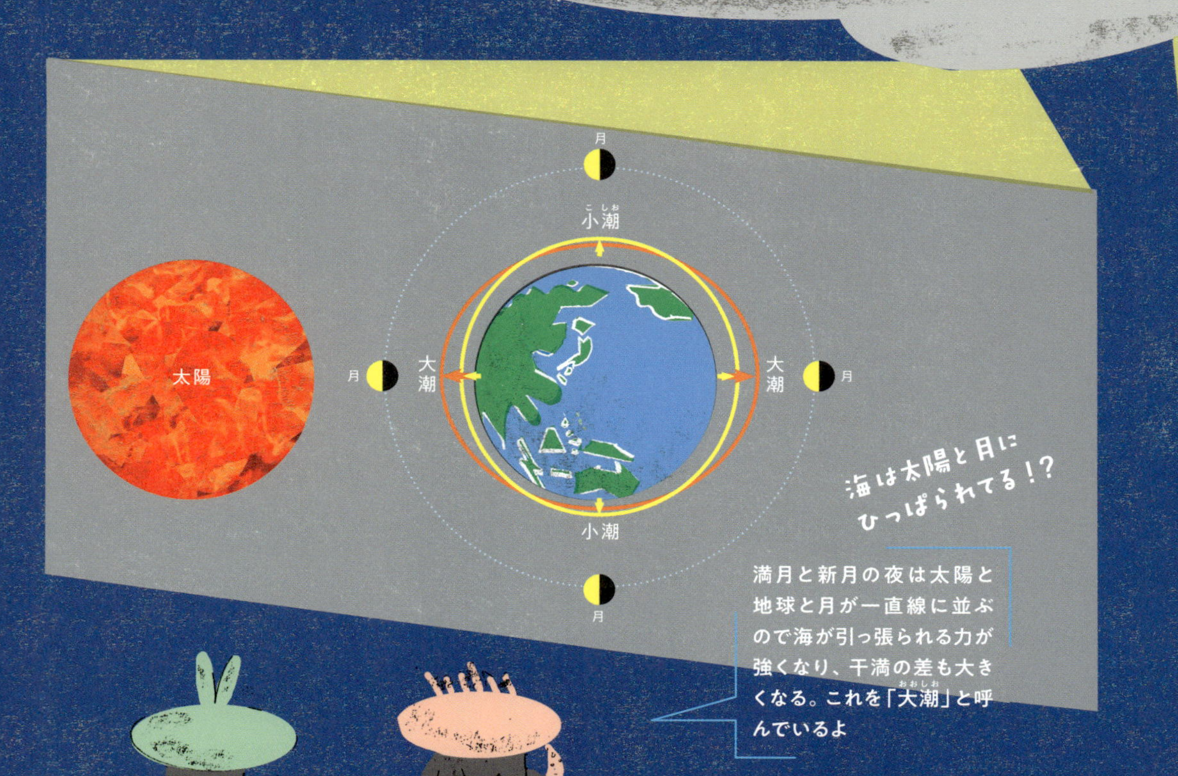

海は太陽と月にひっぱられてる！？

満月と新月の夜は太陽と地球と月が一直線に並ぶので海が引っ張られる力が強くなり、干満の差も大きくなる。これを「大潮」と呼んでいるよ

まんまるな月！
きれいだなぁ
ほらっ！
地球の生きものも月に影響を受けているようです。サンゴ、クサフグ、ベンケイガニの産卵を見てください
ベンケイガニの仲間は夏の大潮の満潮時に海岸に集まって卵をいっせいに放つ
クサフグは5月～8月の満月や新月の日に大群で海岸に集まって産卵する
サンゴ礁では多くのサンゴが年に1回、初夏の満月に近い夜にいっせいに卵を産むことが知られている
まさに生命のフシギだね
地球と海の旅は
どうだったかな？
調べてみると、もっとたくさんの発見があると思うよ

海と生命・循環(じゅんかん)

この港で出会うキーワード

#海の生物多様性 #ハナヒゲウツボ #ミミックオクトパス #ムツゴロウ #ラッコ #シロナガスクジラ #ニシオンデンザメ #デメニギス #熱水噴出孔 #ガラパゴスハオリムシ #化学合成生態系 #回遊 #アカウミガメ #クロマグロ #キョクアジサシ #栄養塩 #植物プランクトン #深層海流 #太平洋ごみベルト #ゴーストフィッシング #マイクロプラスチック #漂流ごみ

3 いろんな海、いろんな生物、いろんな暮らし

何百年も生き続けたり、100kmも先の仲間とコミュニケーションできたり、日光も植物もないところで動かずに一生を過ごしたり。海の生きものは、私たち人間にははかりしれない生き方や姿をもっている。その暮らしぶりを少しだけ、のぞいてみよう。

オスがメスに変身しちゃった!?

私たちほ乳類は、生まれたときの体の性がいつのまにか変わることはないけれど、オスからメスへ、あるいはメスからオスに変わる魚はめずらしくない。サンゴ礁にすむハナヒゲウツボは、オスとして青い姿で20年生きたあと、全身黄色のメスに性転換する。

敵をまどわす物まね術

砂地にすむミミックオクトパスは、体をまもる貝殻も、すばやく泳ぐ力もない。敵に狙われたら、なんと自分の体を、毒をもつ生きものそっくりに見せかけて逃げるという。……でも、脚が8本もあるタコが、魚のまねなんてできるんだろうか？

ツクシガモ
ハマシギ
シオマネキ
秘儀、
求愛ジャンプ!!
トビハゼ
わ、
高い!
ムツゴロウ
水の上でも息ができる！
干潟にすむムツゴロウは、エラをもつれっきとした“魚”。なのに、海中だけでなく、潮が引いている間の泥の上でもなんなく呼吸し、動きまわることができる。皮膚からも酸素をとりこめる特別な体をもっているからだ。
チゴガニ
シジミ
アサリ
ゴカイ
マテガイ
ワラスボ

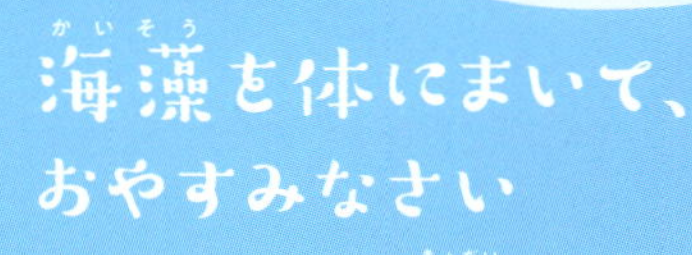

海藻を体にまいて、おやすみなさい

寒い海の沿岸に育つ巨大なコンブは、海底からまっすぐ海面に伸び、ときには50mもの高さの“森”になる。根元を食べるウニが増え過ぎるとこの豊かな森はなくなってしまうけれど、ウニを食べるラッコがいれば大丈夫。

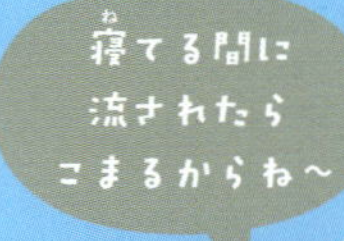

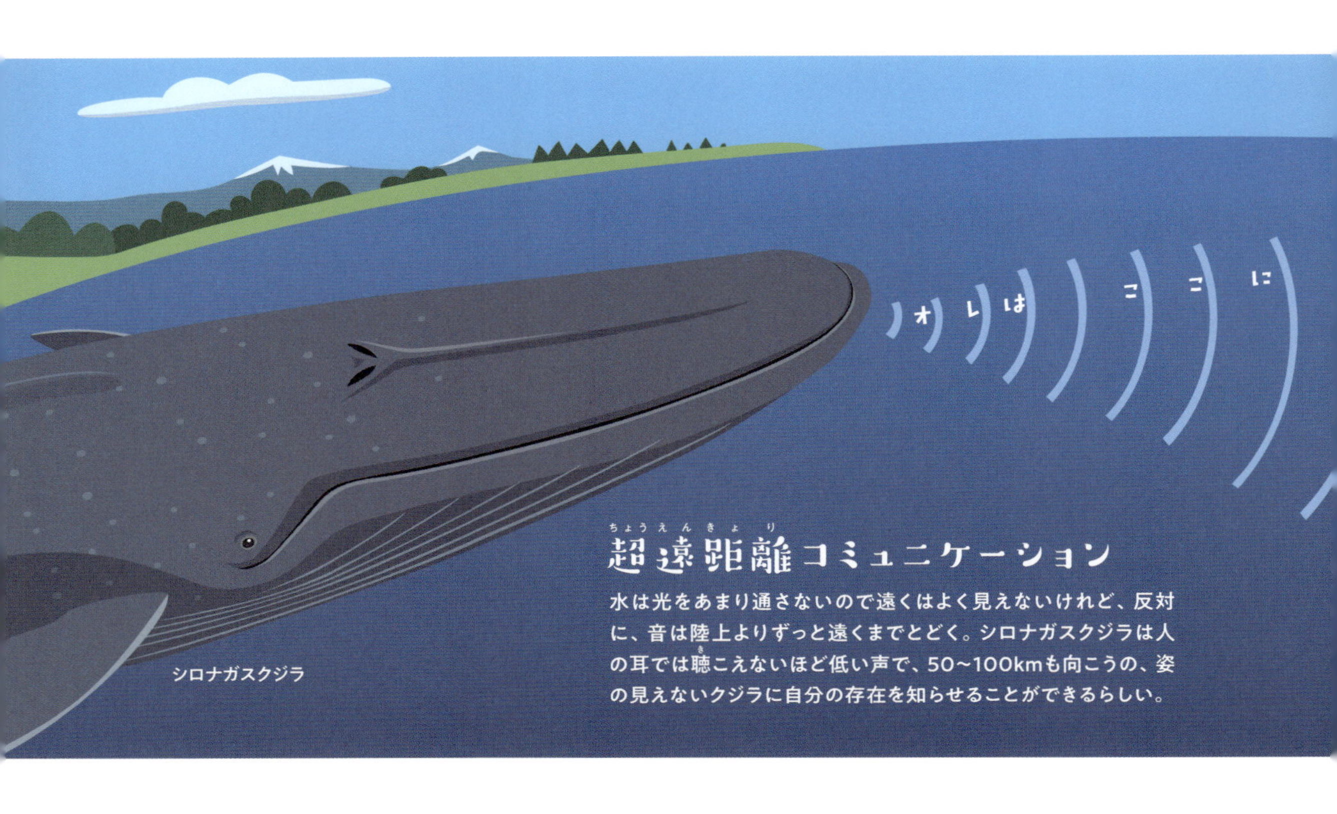

超遠距離コミュニケーション

水は光をあまり通さないので遠くはよく見えないけれど、反対に、音は陸上よりずっと遠くまでとどく。シロナガスクジラは人の耳では聴こえないほど低い声で、50～100kmも向こうの、姿の見えないクジラに自分の存在を知らせることができるらしい。

生まれたのは江戸時代!?

ぶ厚い氷や氷山が浮かぶ北極圏の海。この冷たい海に暮らすニシオンデンザメは、生まれてから大人になるまでおよそ150年かかり、寿命は400年にもおよぶ。今日生まれたニシオンデンザメは、数百年後、どんな世界を見るんだろう?

深海の宇宙船？ スケスケ頭の深海魚

深い海はほとんどの生きものにとってまっくらやみ。でもほんのわずかな光を最大限に利用する生きものも多い。頭の上半分が透明なデメニギスは、上向きの目で自分の上を通るえものを探し、見つけると目を前に向けて追い続けることができる。

毒をふき出す深海温泉で生きる

熱水とともに、たいていの生きものにとって有毒な硫化水素がふき出す深海底の熱水噴出孔。なんとここには、その毒を栄養に変えられる細菌と、細菌から栄養をもらう生きものたちが暮らしている。ガラパゴスハオリムシも温泉客の一員だ。

＼松浦啓一さん教えてください！／

海の生きものはなぜこんなに多様なんですか？

海の生きものは、私たちをふくめたすべての陸の生きものたちにとって進化の先輩。なぜここまで多様になれたのか、魚博士に聞いてみました。

どうして 海にはびっくりするような体つきや暮らしぶりの生きものが多いの？

海中では陸上ほど強い重力にさからって体を支える必要がないことが理由のひとつです。だから、クジラのように巨大になって大きな声を出すことも、タコのように、骨をもたずに自由にかたちを変えることもできるのです。それに、**魚の種数は脊椎動物の中でだんとつに多く、30,000以上**。その分、変わった姿や生態をもつ魚がいるわけです。

じゃあ この本に出てきた以外に、変わった生態の魚といえば？

サンゴ礁や岩場にすむクロソラスズメダイは**農業をする魚**です。浅い海の岩にはさまざまな種類の藻類が生えますが、クロソラスズメダイは自分の食べない種が生えてくるとせっせと抜いて、自分が食べるイトグサという種だけが広がるように世話をするんです。そのほかにも、**左右交互に60度傾いて泳ぐサメ**など、ユニークな魚は山ほどいますよ。

陸から遠く離れた海には **まだ** 知られていない魚もたくさんいる？

もちろん、これまで人が見つけたことがない魚はいろんなところにいるでしょう。ただ、遠い海ほど未知の魚がたくさんいるかというとそういうわけでもないようです。魚といえば、大洋を泳ぐマグロのイメージがあるかもしれません。でも実は、陸からも海底からも離れて暮らす魚は少数派。**ほとんどの魚は、岩場やサンゴ礁のように多様な環境がある、陸に近い海にすんでいます**。岩やサンゴ礁の間はいい隠れ場所になりますし、陸に近く浅いところは養分も多く、プランクトンがよく成長するので、魚にとって食べものも多い。一見、魚は水から離れられない生物の代表に見えますが、同時に、**魚は陸から離れられない**のです。ですから、新種として見つかる魚の多くは、沿岸域で発見されています。

つまり 海の生きものには多様な環境が必要なんだね？

ええ、海の生きものの多様性は、多様な生息環境があってこそ生まれてきたものです。この本に出てきた環境のほかにも、さまざまな環境があります。
たとえば藻類が生い茂る藻場は、稚魚が身を隠す場所としてとても重要で、いわば海の保育園です。魚に限らず、体の小さな生きものにとっては、藻場が隠れ場所としてだけでなく食べものを得られる場所にもなります。一生をそこで過ごす種もいます。藻場が減ってしまうと、海の生きものたちは大きな打撃を受けるでしょう。
そのほか、深海や、一粒一粒の砂の間など、まだほとんど調査されていない環境にも多様な生きものがいるはずです。たとえば、海の底で両手にいっぱい砂をすくったら、その中にはおそらく新種がいます。砂などの間にいるごくごく小さい生きものは「間隙生物」といわれ、いま、精力的に調査が進められています。

ちなみに… 日本の海の生きものは世界に比べて多様なの？

日本の海の魚は世界有数の多様性を誇ります。それは、日本の海に亜寒帯から亜熱帯までさまざまな気候帯があり、リアス式海岸やサンゴ礁、干潟や長い砂浜など多様な環境があるからこそ。いまでも年に10種は新種が見つかっていて、私もこれまで多数を報告してきましたが、奄美諸島で見つかったアマミホシゾラフグを知ったときの衝撃は忘れられません。思わぬところに、自分たちのほんの足元に、未知の生きものが暮らしています。知らないうちに魅力的な生きものたちが環境ごと失われていた、ということにならないように、日本の多様な生息環境をまもっていきたいですね。

2011年に奄美の海で発見された、砂で精巧なサークルをつくるフグ。2014年に松浦先生が論文で新種であることを報告し、*Torquigener albomaculosus*という学名とともにアマミホシゾラフグという和名を付けた

サークルの直径はおよそ2m。オスがメスに求愛するために、数日をかけてていねいにつくる

海の生きものたちのためにも、海の多様な環境を一緒にまもりましょう！

国立科学博物館 名誉研究員
松浦啓一さん
専門は魚類の分類学。これまで多くの新種を論文で報告してきた。魚類研究の第一人者として、『小学館の図鑑NEO 魚』監修や、『したたかな魚たち』（角川新書）など一般向け書籍の執筆も多数手がける。

松浦さんの研究拠点

国立科学博物館
https://www.kahaku.go.jp

4 ぐるぐるめぐる、海と生命

海をわたる動物たち

海の生きものにとって、海は、
エサを食べたり子どもを育てたりする「家」。
そして同時に、移動の「道」でもある。
びっくりするほど長い距離を移動する
動物たちの「海の道」をながめてみよう。

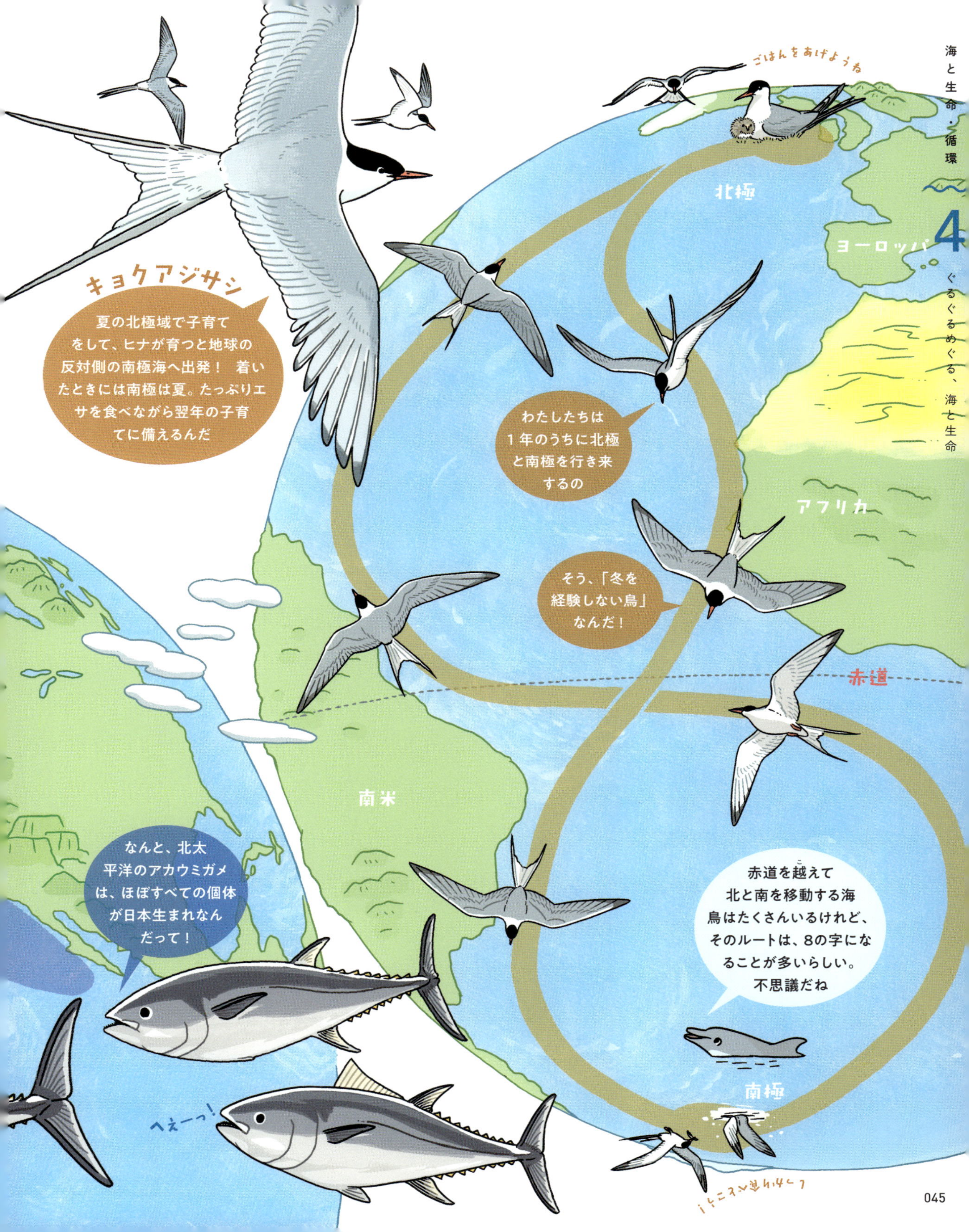
ごはんをあげようね
北極
ヨーロッパ
キョクアジサシ
夏の北極域で子育てをして、ヒナが育つと地球の反対側の南極海へ出発！ 着いたときには南極は夏。たっぷりエサを食べながら翌年の子育てに備えるんだ
わたしたちは1年のうちに北極と南極を行き来するの
アフリカ
そう、「冬を経験しない鳥」なんだ！
赤道
南米
なんと、北太平洋のアカウミガメは、ほぼすべての個体が日本生まれなんだって！
赤道を越えて北と南を移動する海鳥はたくさんいるけれど、そのルートは、8の字になることが多いらしい。不思議だね
南極
へえーっ！

海と陸はつながっている

川を通じて、水や栄養、いろんなものをやりとりしている「海」と「陸」。
つながって、影響をあたえ合っている海と陸の、秋の一日を見てみよう。

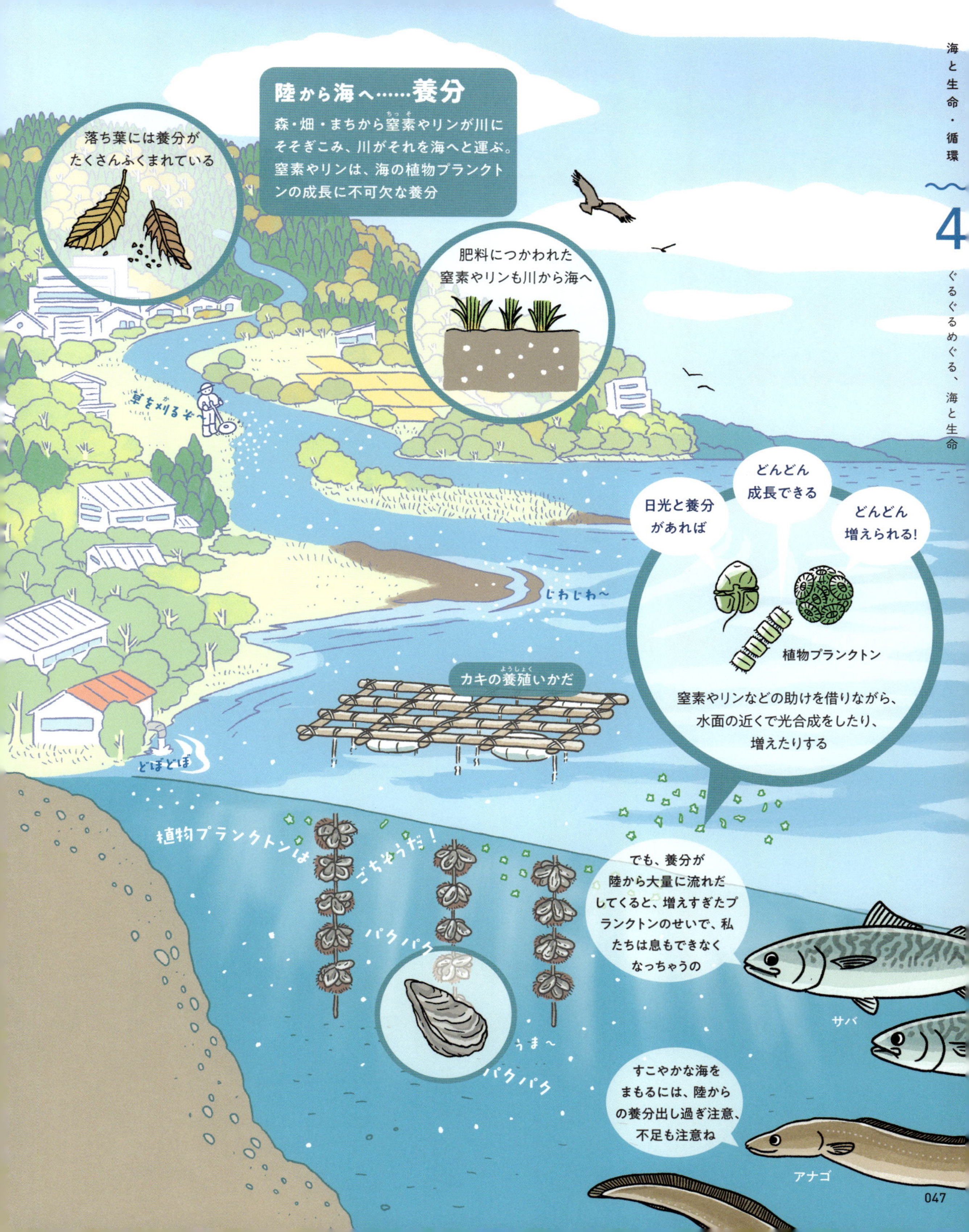
陸から海へ……養分
森・畑・まちから窒素やリンが川にそそぎこみ、川がそれを海へと運ぶ。窒素やリンは、海の植物プランクトンの成長に不可欠な養分
落ち葉には養分がたくさんふくまれている
肥料につかわれた窒素やリンも川から海へ
草を刈るぞ～
じわじわ～
どぼどぼ
日光と養分があれば
どんどん成長できる
どんどん増えられる!
植物プランクトン
窒素やリンなどの助けを借りながら、水面の近くで光合成をしたり、増えたりする
カキの養殖いかだ
植物プランクトンはごちそうだ!
パクパク
うま～
パクパク
でも、養分が陸から大量に流れだしてくると、増えすぎたプランクトンのせいで、私たちは息もできなくなっちゃうの
サバ
すこやかな海をまもるには、陸からの養分出し過ぎ注意、不足も注意ね
アナゴ

海のベルトコンベア
海洋大循環

海の中には、ベルトコンベアみたいに世界中の海をぐるりとめぐる大きな海流がある。とても深いところにあるから私たちとは無関係に思えるけれど、実は、寒い地域に熱を、暑い地域に涼しさを運ぶエアコンのような存在なんだ。

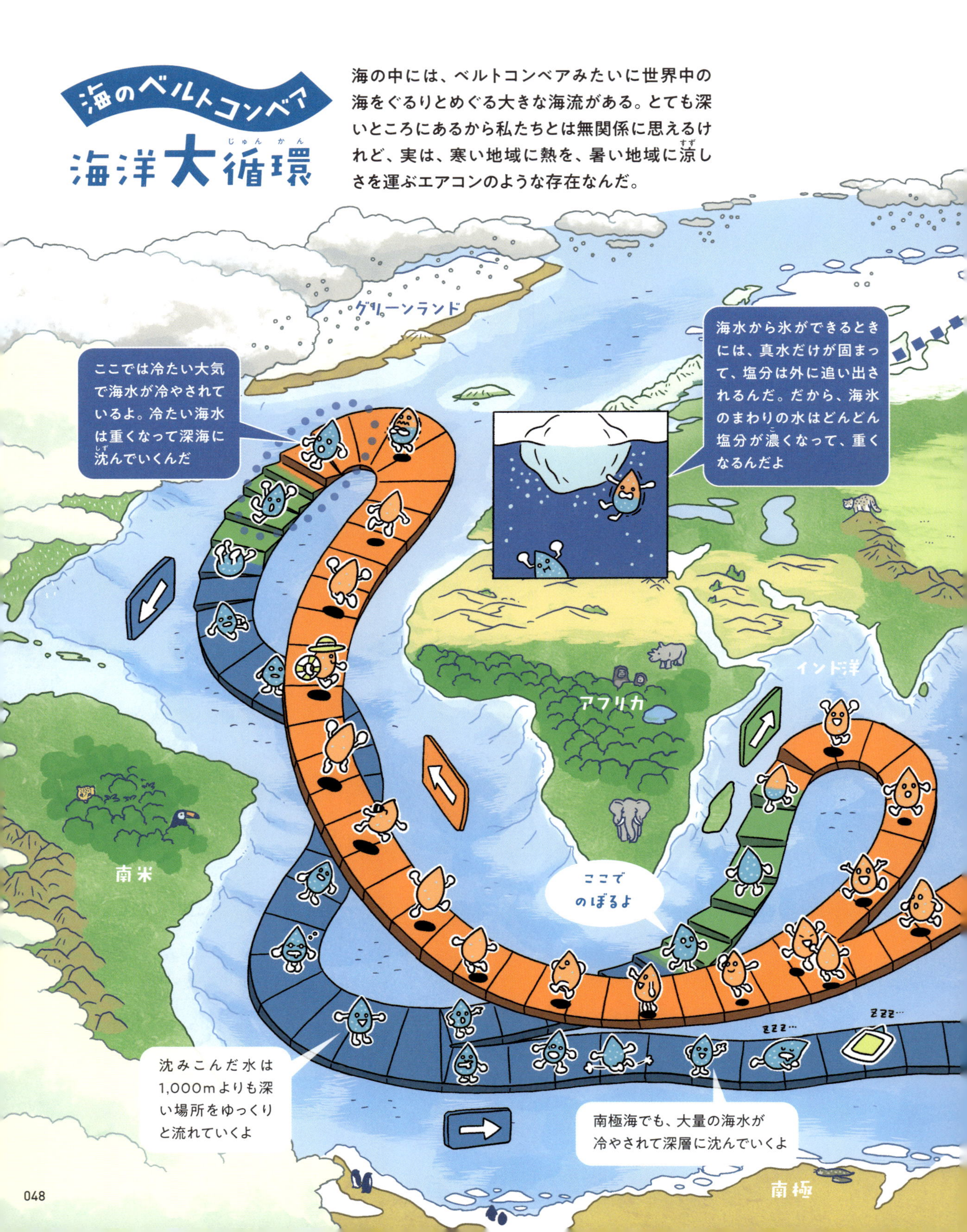

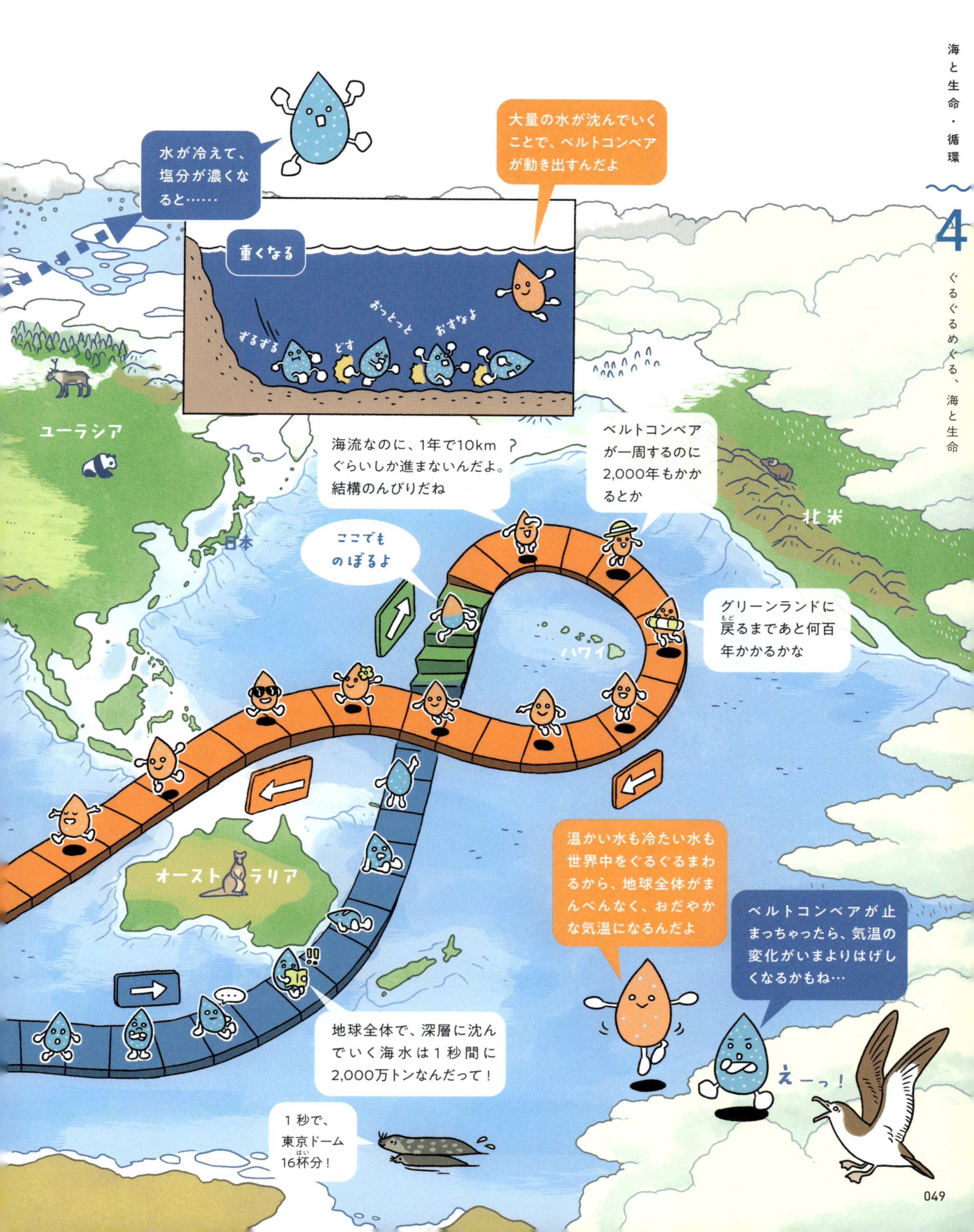
水が冷えて、塩分が濃くなると……
大量の水が沈んでいくことで、ベルトコンベアが動き出すんだよ
重くなる
ずるずる
どす
おっとっと
おすなよ
ユーラシア
日本
北米
ハワイ
オーストラリア
海流なのに、1年で10kmぐらいしか進まないんだよ。結構のんびりだね
ベルトコンベアが一周するのに2,000年もかかるとか
ここでものぼるよ
グリーンランドに戻るまであと何百年かかるかな
温かい水も冷たい水も世界中をぐるぐるまわるから、地球全体がまんべんなく、おだやかな気温になるんだよ
ベルトコンベアが止まっちゃったら、気温の変化がいまよりはげしくなるかもね…
えーっ！
地球全体で、深層に沈んでいく海水は1秒間に2,000万トンなんだって！
1秒で、東京ドーム16杯分！

海がめぐればごみもめぐる

いまや、私たちの生活と切り離せないプラスチック製品。
でもひとたび海へ流れ出せば、海流にのって世界中に広がってしまう。
そんな「海洋プラスチック」が、海で暮らす動物たちの体を傷つけたり、
命を縮めたりするかもしれない。

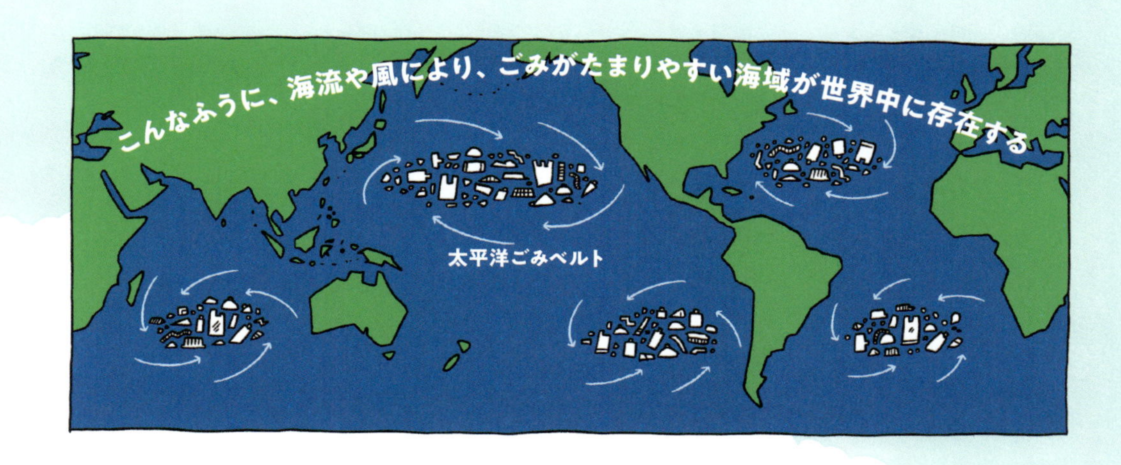

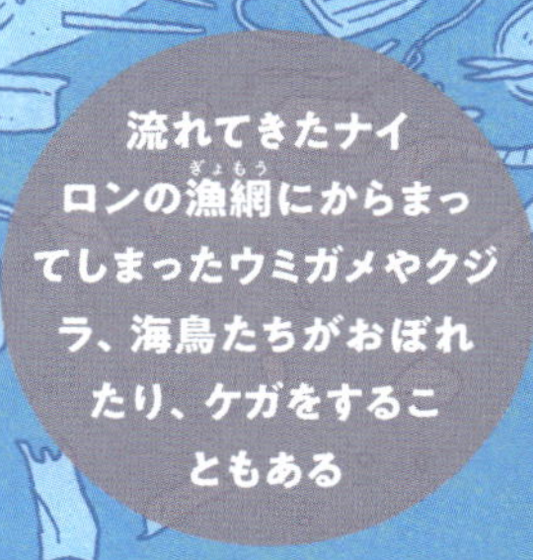

流れてきたナイロンの漁網にからまってしまったウミガメやクジラ、海鳥たちがおぼれたり、ケガをすることもある

漁業でつかわれる道具もプラスチックが多いんだよね……

海に流れ出たプラスチックは、波や紫外線で少しずつくだかれていく。この直径数mm以下の「マイクロプラスチック」に、海の水に混じった有害な化学物質がくっついてしまう

これを食べた魚の体に有害な化学物質が残っちゃったら、その魚を食べる海鳥やアザラシの体にも、たまっていくかもしれないね

わかっていないことも多いから、いま研究が進められているんだって

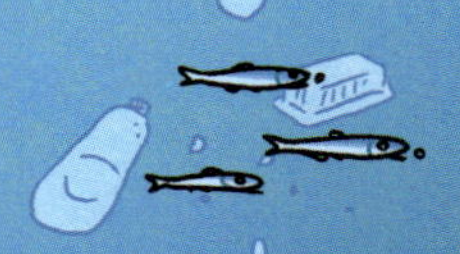
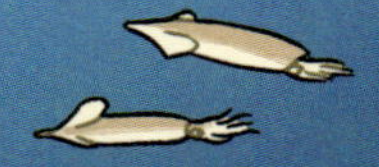

海と環境・社会

この港で出会うキーワード

#国際環境 NGO #気候変動 #海面上昇 #海洋汚染
#違法漁業 #海洋保護区 #持続可能な漁業 #絶滅危惧種
#オーシャン・ヘルス・インデックス #30 by 30 #長崎県対馬 #漂着ごみ
#磯焼け #漁師の高齢化 #エコツアー #食害魚 #獣害から獣財へ
#人と動物の共存 #ブルーカーボン #藻場再生 #地域再生

5 世界の海をまもる

いま、世界の海では大きな変化が起きている。
地球温暖化や違法な漁業、海の汚染など、
その原因のほとんどは私たち人間の活動だ。
「自然をまもることは、人間をまもること。」という
スローガンで世界各地の環境問題に取り組んでいるのが、
国際的な環境 NGO コンサベーション・インターナショナル（以降、CI）だ。
世界 30か国に現地拠点をつくり 100か国以上の
地域で活動している彼らの、
海にかかわる活動の一部を写真で紹介しよう。

フィジー／ラウ諸島

海の調査と保護活動

ラウ諸島は約60の島がある広大な海域。美しいサンゴ礁があり、クジラやマンタ、ウミガメなどさまざまな海洋生物が暮らす海だ。豊かなサンゴ礁は1,000年前から独自の文化をもつ先住民の生活を支えている。CIは昔からラウの先住民が行ってきた海をまもる方法を活用して、地元の人たちとともに保護区をつくり、気候変動や海水温の上昇によって傷んだサンゴ礁を復活させるため、海域全体に20万本のサンゴを植えたり、森林を修復する活動をしたりするなど積極的な取り組みを行っている

豊かなサンゴ礁が広がる海

この海域はCIの調査によって、世界でもっとも豊かな生態系をもつ海のひとつであることがわかった。しかし違法漁業がはびこり、資源採掘などによる環境破壊の危機にもさらされている。そこでCIは地方政府や地元住民と協力して新たな海洋保護ネットワークを立ち上げた。また、ダイビング団体と約束をつくって、観光と自然保護の両立を実現するなど、この豊かな海をまもる活動を続けている

広がるマングローブ林

南米最大級の生物多様性を誇るこの海から約2万人の漁師が伝統的な漁法で主な収入を得ている。ダイビングやホエールウォッチングなどの観光も盛んで地域経済に大きく貢献している場所だが、同時に大型商業船による乱獲や無計画な開発によって、ここにしかない大切な生態系が危機的な状況になっている。CIは大学や地域社会と協力しながら海洋保護区のネットワークをつくり、持続可能な漁業や観光業と生態系保全の両立を目指す新しい開発モデルづくりを進めている

ブラジル／アブロリョス

インドネシア周辺海域

ジンベイザメの生態調査

世界最大の魚として知られるジンベイザメは、絶滅危惧種に指定されているほど数が減っているが、いまだにその生態がよくわかっていない。そのためCIの科学者たちはジンベイザメにストレスのかからない方法でGPSタグを取り付けて、その生態を明らかにする調査を世界で初めて成功させた。調査結果は生態研究だけでなく、ジンベイザメにやさしい観光や新たな海洋公園の計画などにも活かされている

＼ジュール・アメリアさん教えてください！／

世界の海をまもる仕事とは？

さまざまな問題をかかえる世界の海をまもるため、
国際NGO※はどんな仕事をしているのでしょうか？
コンサベーション・インターナショナル（以降、CI）・
ジャパンのジュール・アメリアさんに話を聞きました。

※政府や国際機関にぞくさず、世界的な社会課題の解決、
環境保護などさまざまな分野で活動を行う市民団体

CIってどんな組織なの？

世界約100か国で環境をまもる仕事をしているアメリカ生まれの国際環境NGOです。2024年で37歳になります。私たちには「人間には、自然が必要」という合言葉があります。**自然は人がいなくても続いていくけれど、人にはどうしても自然が必要**です。人が健康に生き続けていくためにもっとも重要な自然が、ずっとまもられていくような活動を目指しています。

なるほど！ 海も人にとって「もっとも重要な自然」ですね！

そう！ 地球規模の海洋保全はCIの3つの重点テーマのひとつ。地球の約70％をおおう海では、植物プランクトンが光合成をして酸素をつくっています。だから、**地球全体の酸素の半分は海からのおくりもの**。地球の97％の水が海にあるので、**海は気候を調整し、地球上のあらゆる生命を支える重要な場所**です。そして、海はいまだに不思議なことだらけ。80％以上が未開拓で地球最後のフロンティアともいわれています。

海をまもるツール

＼CIがつくった／

海の健康診断表がある!?

オーシャン・ヘルス・インデックス

人が海から受けとる恵みを食料、生物多様性、炭素の貯蔵量、水のきれいさ、海の仕事など10の項目で評価（満点は100）する指数。海を持続可能なかたちで利用しているかどうかを数値で測れるようにしたんだ。くわしくはhttps://oceanhealthindex.orgへ！

世界を変えるアイデア賞を受賞！

ザトウクジラが繁殖することで知られる南太平洋の島国ニウエの団体とともに、海をまもるために2万円台からだれもが寄付できる仕組みをつくった。2024年にアメリカのメディアが選ぶ「世界を変えるアイデア賞」を受賞したよ！

ところで…その海がいま、いろんな問題をかかえているの？

いっぱい危機がありますね。たとえば、**温暖化による海水面上昇や海の酸性化、海洋汚染などの問題は全部つながりあって起きています**。私たちは海をまもるため、さまざまな国や企業、地域の人たちと力を合わせて活動を進めています。たとえば、生きものの豊かさをまもるためにつくられた**世界目標「30 by 30」※の実現に向け、2020年に「ブルー・ネイチャー・アライアンス」という国際グループをつくりました**。2025年までに地球の海の5%（1,800万km²）を保護区にする目標を立て、すでにその3分の2以上を達成しています。また、シーフードを今後も食べ続けられるように世界20か所の地域の漁業や養殖場を持続可能にする支援も行っています。

※健全な生態系をまもるため、2030年までに地球の陸と海の30%の面積を保護する目標

CIの活動の特徴は？

海洋保護区をつくるときは、まず現地を調査して、科学的なデータをもとに限られた時間やお金を効果的につかうためには、どこから順番に保護するべきか作戦を考えます。**国際的な科学者チームがいることは、CIの特徴のひとつ**だと思います。また、先住民の人たちと話をしながら保護区をつくることにも力を入れています。たとえば、これまでにどんな気象現象があったかとか、伝統的な暮らし方や文化をよく理解して活かします。私たちは**「足は泥の中に、頭は空の上に（Feet in the Mud, Head in the Sky）」という想いをもって活動しています**。現場の人々や彼らの文化、仕事、自然を大切にしながら、片方では政府と議論をして地球規模でどうやって保全をしていくかという大きな仕組みも考えます。いろんなレベルの支援を同時に進めていくのも、私たちの活動のユニークなところだと思います。

転職してきたアメリアさん、国際NGOの仕事はどんなところが面白い？

私は以前、デザインリサーチ部門で人間中心的デザイン※という手法をつかって仕事をしていました。デザイナーが新しいアイデアを生み出すためにつかっていたその手法を、ここではみんな教わらなくても自然とつかえるのがすごいなぁと。たとえば “海をまもること”（保全）と“海を利用して何かを生産すること”（経済）のどちらかでなく、**CIは“まもりながら生産する”両方のバランスをとる道を切りひらきます**。本人たちは気づいていないかもしれませんが、国際NGOの仕事はイノベーションの連続。デザイナーを目指す人も、**これからはビジネスと環境が調和したデザインが必要ですが、そのヒントがこの職場にはたくさんあります**。

※人間を観察することで、新しいデザインのヒントを得る手法

田んぼのように見えるのが、エビの養殖池。インドネシアでは水路を整備し、マングローブ林の回復とエビの養殖を両立させるチャレンジが行われている

© Conservation International/photo by Hanggar Prasetio

海でごみを見つけたら、そのごみの一生を調べた上で、資源がめぐる社会を考えてみよう！

コンサベーション・インターナショナル・ジャパン 代表
ジュール・アメリアさん

日本人の母と米国人の父のもと、東京の多文化コミュニティで育つ。20年以上にわたり人間中心的デザインやマーケティング分野に従事。CIジャパンでは自然と調和したビジネスや経済をデザインすることを志している。

アメリアさんの活動をもっと知りたい人は

https://www.conservation.org/japan/

長崎県 対馬市から

6 日本の

烏帽子岳の山頂から
見た浅茅湾の景色

1年間に対馬に漂着するごみの量は なんと30,000～40,000m³!!

ごみの量は台風の多さなどによって毎年変わるけれど
ものすごい量であることに変わりはない

教えてくれたのはこの方
対馬市役所
SDGs推進課
前田 剛さん

海の恵みをもたらす海流と季節風が海ごみを運んでくる

左ページの逆さ地図を見ればわかるように、対馬は対馬暖流が日本海へ流れこむ入り口にある。冬には大陸から吹く北西の季節風も重なって、海をただよう大量のごみが対馬の海岸に流れつく。対馬の長い海岸線のほとんどがリアス海岸で地形が複雑に入り組んでいることから、ごみの状況を調査できていない場所もたくさんある。

木材（流木・パレット類）48%
漁具（ブイ・ロープ類）19%
プラスチック類 16%
発泡スチロール類 11%
ペットボトル 5%
その他 1%

*2023年度に回収したごみの種類（容量別）対馬海ごみ情報センター調べ

海岸に流れてくるごみの種類を見てみると…

約半分が木材なのは、異常気象で集中豪雨などが増えて、山から木が流れ出ているのも理由のひとつ。ペットボトルと発泡スチロールを加えたプラスチック類が約3割で、魚をとる網など漁具が2割。海岸に打ち上げられたごみを見ると、中国や韓国をはじめ、アジアの国から多くのごみが流れ着いていることがわかる。海洋ごみは日本だけでは解決できない問題なんだ。

プラスチックごみは何が問題なの？

軽くて加工しやすいプラスチックは、ペットボトルなどに利用されている。問題なのは自然にかえらないこと。海に流れ出ると、風や波にさらされてボロボロになってしまう。この小さくなったプラスチックは「マイクロプラスチック」と呼ばれ、回収するのがとてもむずかしくなる。マイクロプラスチックには有害な物質がふくまれていることもあり、魚類の体内に入ると食物連鎖を通じて人間にも悪い影響をあたえる可能性もある。

漂着ごみって何？

海をただよっているごみのうち、海岸に打ち上げられたごみのこと。海面や海中をただよっているものは「漂流ごみ」、海の底に沈んでしまったものは「海底ごみ」。これらのごみを合わせて「海洋ごみ」と呼ぶ。

対馬を悩ます問題はそのほかにも・・・

いくら回収しても減らないごみ

対馬市では毎年国からの補助金を合わせて2億8,000万円ほどかけてごみを回収しているが、実際に回収できる量は全体の5分の1ほど。ペットボトルなどの軽いごみが残されたままだと、再び海に流れ出し、日本海に広がっていく。海の底に沈んでいるごみも少なくないはずだが、調査はできていない。小さな島にとっては、回収や調査のための費用も大きな負担になっている。

海が枯れて砂漠化する磯焼け

提供：対馬市水産課

海草や海藻が茂っているところを藻場と呼ぶ。藻場は「海の森」ともいわれていて、魚が卵を産んだり、隠れ家にしたりする大切な場所だ。二酸化炭素を吸収する働きもある。でも地球温暖化などの影響で、海藻が大好きな魚やウニが1年中元気に動きまわって、藻場を荒らすように。海藻が食べられて、砂漠のように海が枯れた状態が磯焼けだ。磯焼けが進むと、藻場にすんでいた魚や貝もいなくなってしまう。

海ごみ以外にも対馬がかかえる海の問題はたくさん。
地球温暖化の影響で、大事な水産業が大ピンチ！
水産業の未来をまもるアクションを考えよう

魚がとれず 減り続ける漁師さん

対馬では水産業はいちばん重要な産業だが、漁師の数は減り続けている。漁師の高齢化が進む中で後をつぐ人がいないことや、むやみに魚をとる乱獲や磯焼けなどによって近海でとれる魚が減っていることが原因だ。魚がとれないと船の燃料代のほうが高くつき、海に出るだけで赤字！　ますます漁業につく人が減る、というわけだ。水産業を持続可能な産業に変えるための対策を考えなくてはいけない。

“ごみゼロアイランド対馬宣言”

SDGs未来都市に選ばれた対馬は、ごみをゼロにしていく決意を表すため2022年、「ゴミゼロアイランド対馬宣言」を出した。実は漂着ごみの1割は国内から流れ着いたもの。まずは自分たちが出しているごみを見直し、適切な分別やリサイクルを進め、ごみのポイ捨て防止のパトロールも強化する。島で生まれるごみと島の外から来るごみの両方を減らすことを目指す。

もっと ▶ 知る

前田さんがクジカ浜で撮影したごみの動画を見てみよう

未来の海守り人たちへ

対馬の海洋ごみを放置すれば、マイクロプラスチックが日本全国へ、
さらには世界へ散らばってしまうおそれがあります。
都市部で回収されたプラスチックごみが東南アジアに輸出され、
再びごみとなって海に流れ出て、対馬に漂着していることも考えられます。
海洋ごみの問題は海だけを見ても解決しません。
私たちの消費生活や地球温暖化、
違法漁業などの問題が複雑にからみあっています。
ぜひ大きな視点でごみ問題について考えてみてください。

対馬の海をまもるアクション1

対馬の海をまもるために
活動している人たちが
たくさんいるよ

自然を楽しみながら 海ごみの問題を自分ごとにするエコツアー

Q アクションのきっかけは？

海洋ごみ問題は、ごみを回収すれば解決すると思っている人もいます。でも実際にツアーに参加してごみの多さを自分の目で見るとみんな圧倒されて、意識が変わるんです。海が大変なことになっている、なんとかしなければと。

取り組んでいる人
一般社団法人
対馬 CAPPA
代表理事
上野芳喜さん

CAPPAの活動フィールドである浅茅湾にて

Q 何が問題なの？

美しい対馬の海岸がごみだらけになっている！

南北に長い対馬の海岸線は全長915kmにもなる。その長い海岸沿いが、季節風や海流の影響で流れてきたごみを受け止める役目を果たし、海ごみでいっぱいになってしまった。大人たちが小さかったころは、海岸でサザエや魚をとって遊んだ思い出がたくさんある。でもいま対馬の子どもたちは、その思い出をつくることができないでいる。人工の海水浴場はできたが、天然の海岸で得る体験にはかなわない。それが悲しいと上野さんは思っている。もっとも上野さん自身、昔から環境への関心が高かったわけではない。20年前にエコツアー会社を設立したときは、対馬のきれいなところだけを見てほしいと考えていた。でも、海を案内するうちに漂着ごみの問題は避けて通れないことを実感し、ツアー客にごみをもって帰ろうと声をかけるようになったそうだ。

Q どんな取り組みをしているの?

海遊びと環境学習を組み合わせたツアーや ボランティアによるごみ拾いを企画しているよ

海ごみの問題を自分ごととして考えるには、自分の目で見るのがいちばん。対馬CAPPAでは、シーカヤックに乗って海で遊びながら、ごみ問題について学ぶスタディツアーを行っている。これまでにたくさんの会社や自治体、学校が参加してくれた。浅茅湾(あそうわん)には、対馬を通って大陸に渡(わた)った遣隋使(けんずいし)が見た風景と変わらない景色が残っている。まずは美しい対馬の自然や歴史を楽しんで、と上野さん。そして、この小さな島が海ごみに困っていることを感じてほしいという。

＼ スタディツアーをのぞいてみると… ／

最初に対馬の歴史やごみ問題についてのお話を聞く。シーカヤックで海に出て楽しんだら、みんなで海岸のごみ拾い

Q どんな変化があった?

一人ひとりが、問題の解決に向けて考えるようになる

スタディツアーに参加した人たちの中には、その後何度も島を訪れる人もいる。海ごみの現場を見て、このごみをなんとかしないと、という気持ちが生まれるからだろう。高校生たちは、ポイ捨てをやめるという決意を語るそうだ。日本と韓国(かんこく)の若者たちによるビーチクリーンやワークショップも積極的に開催(かいさい)している。海ごみ対策のアイデアを共有するなど、両国の若者たちが国を越(こ)えてアクションを起こす場となっている。

海ごみがつまったトランクミュージアムは動く博物館

韓国のワークショップでも展示したよ

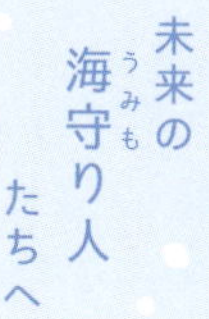

未来の海守(うみも)り人たちへ

心にとどく環境教育をしなければ、ごみ問題は解決しないと思っています。この素晴らしい風景と、海岸を埋(う)めつくす大量の漂着ごみ。どちらも本ものです。自分の部屋が汚(きたな)かったらみんなイヤですよね。このギャップをしっかりと目に焼き付けて、まずは自分がごみを出さないという行動につないでほしいと思います。

海藻を食べつくす食害魚をおいしく食べる そう介プロジェクト

やると決めたら
突き進む情熱の人！

取り組んでいる人

有限会社丸徳水産
犬束ゆかりさん

Q アクションのきっかけは？

あれほど豊かだった海が食い荒らされて、
どんどん枯れていくのがわかりました。
魚がとれなくなっている。
それならば、捨てられる魚に価値をつけて
もうかる仕組みをつくればいいと
考えたのがはじまりです。

犬束さんのお店「肴や えん」の前で

Q 何が問題なの?

磯焼けで魚がとれなくなって漁師さんが困っている

70ページでも説明したように、対馬をはじめ日本全国の海で問題になっているのが磯焼けだ。地球温暖化など環境の変化で海水の温度が上がり、イスズミやアイゴなど、海藻が大好きな魚の活動が活発になっている。食害魚と呼ばれるこうした魚たちが海の森である藻場を食べつくして、魚の栄養分となる海藻がなくなると、そこで生きていたほかの魚も減ってしまう。漁業にとっては大ピンチだ。島では食害魚の退治に力を入れていたが、独特のくさみがあることから焼却処分されていた。とった魚を捨てるなんてもったいない！おいしい食材にできないかと犬束さんがはじめたのがそう介プロジェクトだ。

Q どんな取り組みをしているの？

やっかいものだった食害魚をおいしい料理に変えたよ

イスズミやアイゴが処分されていることを知った犬束さん。なんとか活用しようと調理してみたものの、最初はまずくて、とても食べられなかった。そこで市と協力して、本格的に食害魚をおいしく調理する方法を考えることに。魚を仕入れるルートを確保して、試食をくりかえした。においをとるために水にさらす処理をていねいに行ってすり身にし、玉ねぎと混ぜて揚げたところ、ついにおいしいメンチカツが完成！ 島の学校給食にも採用され、子どもたちの人気メニューになっているという。

上がイスズミのメンチカツで、
右がアイゴのフライ

Q どんな変化があった？

漁師さんたちが変わり、食べる人の意識が変わった

くさくて食べられない魚をわざわざ食べる必要があるの？という漁師さんも多かったという。でも、犬束さんはめげなかった。イスズミの料理をつくって食べてもらうことを何度もくりかえすうちに、漁業協同組合の人たちも協力してくれるように。だって実際に食べるとおいしいのだから！

メンチカツが、地域の魚を活用した料理にあたえられる賞をとったことで、一気に味方が増えた。枯れた海がすぐに回復するわけではないけれど、魚がとれなくなったとただ嘆くのではなく、とれる魚に付加価値をつけてもうかる漁業に変えたことには大きな意味がある。

＼ 漁業の新しいかたちにも挑戦中！ ／

体験ツアー海遊記で見せる漁業を目指す

丸徳水産では、漁業の現場を見てもらおうと、漁船に乗って藻場の見学や釣り体験ができるツアーを行う。案内人は三男の祐徳さん。現役の漁師さんだ。

未来の海守り人たちへ

私たちの仕事は海に生かされています。海をまもりたいなら
まずは自分がアクションを起こさないといけないと思っています。
私にとってイスズミやアイゴは、食害魚ではなくて、
海を大切に思う人たちと私をつないでくれた縁結びの神さま。
たくさんの恵みをくれた海への恩返しだと考えて活動しています。

増えすぎたシカやイノシシのいのちを活用し、海と山の豊かさをつなぐ

人間よりもシカの数が多いんだって！

取り組んでいる人

一般社団法人 daidai
代表理事
齊藤ももこさん

Q アクションのきっかけは？

シカやイノシシが農地を荒らし、山の草木を食べつくしています。空から見るときれいな森なのに、山に入ると目の高さより低い草木がほとんどないことにショックを受けました。森の豊かさが失われると海にも大きな影響が出るんです。

対馬の中心街、厳原町のショップ「daidai」にて

Q 何が問題なの？

シカやイノシシが増えすぎて、森や農地を荒らしている

人口2万7,000人の対馬に、野生のシカが4万頭以上。1頭のシカは1日にレタス10個分の草を食べる。4万頭のシカが毎日その量を食べることで、豊かな森の草木がすっかり食べられてしまった。島外からもちこまれて野生化したイノシシも、農作物を荒らして農家を困らせている。森の恵みが破壊されると、影響は海にもおよぶ。森で育まれた栄養分が川や海に流れ、プランクトンや海藻を育み、それを求めて魚がやってくるという生態系の循環がこわれてしまうからだ。森と海はつながっているんだ。

提供：対馬市

森が荒れると地ばんが弱くなって大雨が降ると山から土砂が海に流れこむ

シカは草や葉っぱ小枝が大好き木の皮も食べるよ

Q どんな取り組みをしているの？

1. 被害対策や捕獲を行う

被害を防ぐには、とにかく増えすぎたシカやイノシシをとらえて数をおさえなくてはいけない。でも野生動物に向き合うのは勇気がいるものだし、生きものをつかまえることをネガティブに考える人たちもいる。daidaiでは、地元の人たちに前向きにとらえてもらうため、捕獲に取り組むための説明会を開催したり、田畑に柵を張りめぐらしたり、メッシュネットをかけたりする被害対策をサポートしている。

2. 食肉という資源に変える

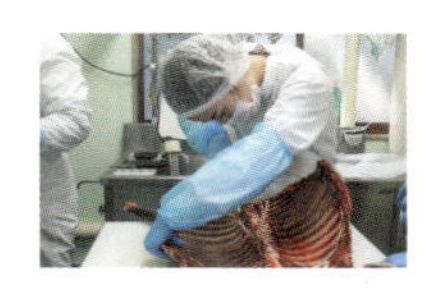

シカやイノシシの肉は、実は高タンパクで低カロリー。超ヘルシーなこのジビエ（野生動物の肉をこう呼ぶ）を活用すれば、シカやイノシシが害ではなく、価値あるものに変わる。daidaiでは衛生管理を徹底したジビエの生産を支援しているほか、自社で肉を処理するための施設とショップをオープン。バーベキューにしてもおいしい肉を食べることで、生きもののいのちの循環を感じてほしいと齊藤さんはいう。

3. 革という資源に変える

シカやイノシシの害をポジティブなものに変えるもうひとつの取り組みが、皮の活用だ。「レザークラフトは楽しい！」をかかげ、つかまえたシカやイノシシの皮を利用して、ブックカバーやキーホルダーなど革製品をつくって販売している。島の子どもたちには成人のお祝いに名前が入ったイノシシ革の印鑑ケースが贈られるなど、色あざやかで柔らかな革小物たちはいまでは対馬の名産のひとつになっている。

Q どんな変化があった？

動物と人間がうまく共存する社会に一歩近づいた

シカやイノシシが資源に変わることを伝え続けたら、住民の意識が変わってきたと齊藤さん。シカやイノシシの肉をきちんと処理して島の人に食べてもらうと、多くの人がそのおいしさにおどろくそうだ。捕獲へのためらいがうすれ、捕獲チームに参加する人が増えているほか、最近では狩猟免許をとる若い人も増えてきた。小中学校の先生たちにジビエを積極的に試食してもらったところ、給食にも取り入れられるように。地元の食材を食べる食育にもつながり、少しずつ輪が広まっている。

未来の海守り人たちへ

海の環境問題を考えるときに、海のことだけを見て、
陸のことを後まわしにしてはいけないと思っています。
自然の恵みも、ごみも、土砂も陸から海に流れていきます。
山の変化に気づき、海の変化に気づくような視点が大事だと思います。
両方の視点をもつことで、ポジティブな行動につながりますよ。

海洋ごみを なくすためにできること

海ごみをリサイクルするのは大変なんだって

このまま海洋プラスチックごみが増え続けたら、
50年後の海は魚よりプラスチックが多くなる、という予測も。
プラスチックごみを減らすためにできることはなんだろう

教えてくれたのはこの方
株式会社 ブルーオーシャン対馬
代表取締役
川口幹子さん

海ごみの再資源化は簡単ではない
ごみは宝の山ではないことを理解する

いまの取り組み　漂着ごみを回収し、手間をかけてリサイクル

対馬市では漁業組合やボランティアに協力してもらい、定期的に漂着ごみを回収している。回収したごみは中継所に集められ、発泡スチロールやペットボトル、硬質プラスチックなどに分けられる。運びやすいようにこまかくくだいてチップ化されているが、プラスチック製品の原料として再利用されるのはごく一部。多くはそのまま埋め立てられている。発泡スチロールを圧縮して粒状のペレットにし、燃料として利用する計画もあったが実現していない。

回収した発泡スチロールを圧縮してペレット化

青色のタンクや赤のブイなどは、色ごとに分類してチップ化

漂着ごみをリサイクルしてつくったかごなど

? 漂着ごみのリサイクルはなぜむずかしいの？

海岸にたどり着くごみの種類は無数にあるから、分類してリサイクルするにはとても手間がかかる。海洋プラスチックごみは、海をただよっている間に塩分や有毒な物質が付いて、資源化できないものも多い。それに、波や紫外線にさらされてもろくなっているため、リサイクルしても強度のある製品をつくるのはむずかしいんだ。

! 常識を変えるようなアイデアで海をまもろう

漂着ごみはないほうがいい。そのごみを資源と考えたリサイクルのあり方でいいのだろうか、と川口さんは思っている。大事なのは海洋ごみを減らすことだけを目的にするのではなく、プラスチックごみが出ない社会をどうつくるか、なんだ。そのためには常識を変えてしまうようなイノベーションが必要になる。この本を読んでいるみんなのアイデアも大歓迎だ。

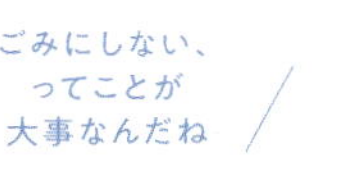

脱プラスチック社会をつくって 海洋プラスチックごみを出さない世界へ

未来の取り組み

1 再生技術を開発して、資源を循環させる！

たしかに漂着ごみを資源として活用するのはむずかしい。でも、たとえば燃料としてはつかえるかもしれない。ブルーオーシャン対馬では、ごみを圧縮して固めて、固形燃料(加炭材という)にすることを考えている。ごみを分別したりこまかくしたりする必要はなく、より多くのごみを活用できるはずだ。

2 ごみにならないように考える！

商品を考えるときに、そもそもリサイクルしやすい商品にすることが大事になる。たとえば、漁師さんがとった魚を入れる魚箱。これまでは発泡スチロールがつかわれていたが、保冷できるダンボールの開発が進んでいる。藻場を再生するロープを生物分解性に変えるなど、できることはたくさんある。

3 ごみを回収する方法を進化させる！

人が入りにくいような入江や海岸の漂着ごみは回収がむずかしく、いまは残されたままになっている。漂着ごみを効率よく回収するために、回収船を開発して、海からごみを回収するというアイデアも上がっている。

体験型の修学旅行はいかが？

川口さんが事務局長をつとめる対馬グリーン・ブルーツーリズム協会では、体験型の教育旅行や修学旅行を企画している。多彩なプログラムがあるから、漁師さんの家に泊まって話を聞くのもいい。さあ、対馬の自然や歴史にふれる旅へ

地元の人の
話を聞くのも
楽しい！

もっと ▶ 知る

**対馬の海をまもる
アクションをくわしく
知りたい人はこちら**

未来の海守り人たちへ

海洋ごみの解決策を考えるときは、本当に大事なことってなんだろうということを、しっかり考えてほしいと思っています。
島に来る前は、漂着ごみをリサイクルすることはいいことだと思っていたんです。
でも実際に身近で漂着ごみに接すると、有効活用できるものは少なくて。
ごみを出す前から見直す必要があることに気づきました。
あなたなら、海洋漂着ごみの問題をどう解決しますか？

＼枝廣淳子さん教えてください！／

“ブルーカーボン”ってなんですか？

豊かな海をまもることと温暖化対策と、
両方に効果があるというブルーカーボン。
ブルーカーボンで地域を元気にする活動をはじめた
環境ジャーナリストの枝廣淳子さんに話を聞きました。

そもそも…ブルーカーボンってなんですか？

いま温暖化の進行が深刻で、その原因である二酸化炭素（CO_2）を減らさないといけないよね？　海にも太陽の光がとどくところには光合成をする植物がいて、海中にとけこんだCO_2を吸収しています。**海の植物が海中のCO_2を減らした分だけ、海は海面から大気中のCO_2を吸収してくれる**ので、実は、海は温暖化を考える上ですごく大事な存在。炭素は英語で「カーボン」。海は青だから「ブルー」ですよね。それで、海中で吸収されるCO_2をブルーカーボンと呼びます。

森林よりたくさんCO_2をたくわえられるって本当？

ブルーカーボン生態系※が面白いのは、吸収した炭素を海底の土の中にためられること。地上だと炭素は酸素とくっついてCO_2に戻って大気中に出てしまうけど、海底には酸素が少ないから、掘りかえされたりしない限り、土の中に固定できます。**その力は陸の植物に比べて10倍**ともいわれていて、世界の沿海域でうまくブルーカーボン生態系が再生できれば、フランスの年間CO_2排出量に相当する量を吸収できるくらいになるそうです。

ポイント解説

※海で光合成をする「ブルーカーボン生態系」は全部で4つあるよ！

1. マングローブ林
   海水と淡水が混ざる汽水に生える
2. 塩性湿地や干潟
   砂や泥がたまる遠浅の浜
3. 海草
   種で増える＝アマモなど
4. 海藻
   胞子で増える＝ワカメ、コンブ、ジャイアントケルプなど

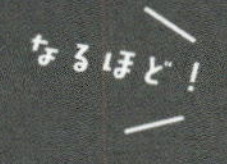

日本には4の海藻がもっとも多いが、いまのところ国連のガイドラインではブルーカーボン生態系にふくまれていない

枝廣さんは、どうして ブルーカーボンの活動をはじめたの？

海が好きで、2013年に東京から熱海へ引っ越しました。最初熱海に来たとき、波止場から海をのぞくと底まで見えたので、漁師さんに「きれいな海！」といったら、「いや、これじゃダメなんです」と。以前の漁師さんは海藻をかき分けてアワビやサザエをとったそうですが、いまはほとんど生えていない。日本各地で同じ話を聞きます。海藻をエサとする魚介類も減ってしまい、漁師さんたちも困っている。漁業再生のために40年も前から藻場の再生に取り組んでいる地域もあります。**最近ブルーカーボンが注目されているのは、温暖化対策としてでもありますが、藻場の再生を通じて海の豊かさを取り戻すことにもつながるからです。**私もこの「一石二鳥」の活動に参加し、広げていきたい！と思ったことがきっかけです。

西伊豆の海水浴場に群生するコアマモ

実際に どんなことをしているの？

3つあります。ひとつめは、**なくなってしまった熱海の藻場の再生**。ふたつめは、**海の中の藻場の現状や再生活動の効果を計測する手法の開発**です。いま海藻があるのかないのか？　再生活動をして増えたのかどうなのか？　それがわからないと効果的な取り組みにならないでしょう？　これまではダイバーさんにもぐってもらうことが多かったのですが、時間もお金もかかってしまうので、小型船から水中カメラや水中ドローンを降ろして調査する簡単なシステムを自分たちでつくっています。3つめは、**ブルーカーボン・ネットワークの運営**です。日本各地で藻場再生の取り組みはたくさんあるのに、助け合っていないことがもったいないなと思って、情報交換の場をつくりました。ブルーカーボンに興味がある会社や市町村、海が大好きな人たちも活動を支えてくれています。

水中ドローン（写真左上）は海の中の調査に欠かせない

活動を通して 何を 目指しているの？

日本型のブルーカーボンは海外に比べて規模が小さいので、**まずは地域のネットワークを大事に育てていきたいと思っています。**熱海にも「ブルーカーボンプロジェクト推進協議会」がありますが、会長は市長さんで、市役所や漁業組合、観光船の会社、ダイバー、水中写真家、ビーチクリーン団体など、海を愛するいろんな人たちが参加しています。**みんなの意見を上手に取り入れながら、環境にも地域の経済や社会にも良いことがある取り組みになるようにがんばっています。**

海のあるまちに
住んでいる人も
住んでいない人も、
海をまもる活動を
応援してください！

環境ジャーナリスト
枝廣淳子さん

『不都合な真実』（アル・ゴア氏著書）の翻訳をはじめとする世界（グローバル）の知見と現場（ローカル）での活動を通じて、人や地球とのつながりを取り戻し、持続可能で幸せな未来を創るお手伝いをしています。

＼ 枝廣さんの活動を もっと知りたい人は ／

https://bluecarbon.jp

海と生活・仕事

この港に隠れているキーワード

朝ごはん # 昼ごはん # 夜ごはん # おやつ # お弁当
いただきます # ごちそうさま # 海の恵み # 食文化 # 保存と発酵
天然と養殖 # うま味 # カルシウム # タンパク質
食物繊維 # ミネラル # クレヨンで描いた絵だよ
海業 # 船 # マリンスポーツ # バイオロギング
男性も女性も働ける職場が増えている

海の宝探しチャレンジ！

7 いつもの食卓に海を探しに行こう

海の宝と聞いて
みんなは何を思い浮かべるかな？
私たちが毎日食べているごはんには
豊かな海からとどく食材が
たくさんつかわれている。
海のものだと気づかないこともあるほど
海は、食卓を支えてくれる
食材の宝庫なんだ！
そこで……
ここからは、いつもの食卓に
海の宝を探す航海に出かけよう！

お弁当の中の「海」が見えるかな？

難易度

**川で生まれた僕は
海に出て何万キロも泳いで
また故郷の川に戻ってくるんだ！**

お弁当や朝ごはんのおかずに大人気のサケ。その一生は波乱万丈だ。生まれた川を下り海に出るとさまざまな外敵が待ち受けている。命がけの旅を続けて数年。サケはたった一度きりの産卵のために故郷の川に帰るんだ。
日本では北海道産の天然シロザケや海外産のキングサーモンなど生産背景が異なる多くの種類のサケを、季節や料理に合わせて味わえる。とっても身近な魚だけど、実は漁獲量がどんどん減ってしまっている。100年後にもおいしいサケを食べられるように、資源をまもっていくことが課題なんだ。

【 海の幸…サケ 】

難易度

**最強の相棒はお米！
しっとりとパリパリ。
どちらも私の魅力！**

磯の香りでごはんのおいしさを引き立てる海苔は、私たちの食生活になくてはならない存在だ。主な産地の有明海や瀬戸内海では、おだやかな沿岸で漁師たちがてまひまかけて、海のミネラルたっぷりな海苔を育てている。その広大な生産風景は圧巻だ。
最近は異常気象が原因で海中の栄養が不足してしまい、海苔の生産に打撃をあたえている。一方で、海苔の仲間たちの可能性には大きな期待が集まっている。新しい食べ方や養殖の技術が、海苔の未来をつくる希望の光になっているんだ。

【 海の幸…海苔 】

難易度 

魚のパワーみなぎる僕たち。
ふっくらしなやか、
ぷりっとした食感が自慢だよ！

姿は見えなくても、たくさんの魚がぎゅっとつまったスーパーフード。それがおでんに欠かせないちくわやさつま揚げなどの練りものだ。グチやヒラメ、シマホッケといった白身魚やアジやイワシなどの赤身魚をすり身にして調味料を加え、独特の弾力を生み出す。蒸す、焼く、揚げる、ゆでる、4つの方法で仕上げることでバラエティに富んだ味が全国各地で楽しめる。
魚を長く保存するくふうと、魚の栄養をおいしく体に取り入れようとした人々の知恵の結晶だ。みんなはどんな練りものが好きかな?

【　海の宝…ちくわ・さつま揚げ　】

難易度

日本海生まれの僕は
ハサミと長い足がチャームポイント。
揚げたてのコロッケの中にいるよ！

甘くてジューシーなカニ肉が口のなかでとろけるカニクリームコロッケ。材料によくつかわれるベニズワイガニは、なんと水深2,000mもの真っ暗な海底で暮らしている。カニの仲間たちの多くは、深い海で脱皮をくりかえしながら長い年月をかけて成長するんだ。
産地によって松葉ガニや越前ガニと呼ばれるズワイガニや、太い脚が魅力のタラバガニには大勢のファンがいる。漁がはじまる旬の時期を首を長くして待っているんだ。それぞれの足の数を数えてみるとあれ？　8本？　10本？　個性豊かなカニのこと、もっと調べてみてね。

【　海の宝…カニ　】

姿を変えた「海」が隠れているよ

難易度 🐟🐟

**得意技は「かためる」こと。
私がつくったひんやりデザート、
きっと食べたことがあるはず！**

ツルンとのどごしさわやかな寒天は、テングサやオゴノリと呼ばれる赤い海藻が原料だって知ってたかな？　寒天を煮とかした液体は、寒天の成分により、冷やすとゼリー状にかたまる。その性質が活かされるのがデザートづくりだ。自由自在にかたさを調節して、あんみつにようかん、ゼリーやババロアに杏仁豆腐まで、和洋中のお菓子で大活躍！
食物繊維が豊富でおなかの調子を整えてくれる寒天は、カロリーほぼゼロ。ぜひヘルシーな寒天スイーツをつくって海藻から生まれた寒天の魔法を体験してほしい。

【　海の宝…寒天　】

だんだん、
むずかしくなって
くるぞ……

難易度 🐟🐟

**海ではなく陸で生まれた私。
おでんの具人気ランキング
TOP3の座はゆずれないわ！**

一見、海とは関係ないようにみえるたまご。実はお母さんであるニワトリのエサに海とのつながりが隠されているんだ。エサになる食べものは色々あるけれど、魚の骨や貝殻もその一部を担うことがある。たまごがエサにふくまれたタンパク質やカルシウムをたっぷり受けつぐことで、おいしさが引き出され、殻を丈夫にする効果も期待できる。
魚介類が流通する過程で捨てられてしまうものを、ニワトリ用のおいしいエサに加工する場合もあるんだ。海の恵みが陸へ、そして食卓へとつながっているんだね。

【　海とつながる宝…たまご　】

難易度 🐟🐟🐟

和食の土台になっている私たち。
一口すすると、ほっと一息つけるはず。
どこにいるかわかるかな？

お味噌汁にうどんや煮もの。毎日の食卓に並ぶ数々の料理につかわれているのが、こはく色に澄んだ「だし」だ。味わいのカギをにぎるうま味がたっぷりふくまれるカツオやサバなどの魚、そしてコンブでとるだしは、いわば、おいしい!を支える海のスープだ。
海でとれた食材からうま味を引き出すのは軟水の役目。日本のほとんどの地域の水は料理にバッチリ合う軟水だから、日本では水をふんだんにつかって素材そのものを活かす料理が発達したんだ。君たちがふだん食べている料理には、どんなだしがつかわれているかな?

【 海の宝…だし 】

難易度 🐟🐟🐟

私は北海道生まれ。
江戸時代は船に乗って本州へ。
食文化の発展に貢献したわ！

強力なうま味成分グルタミン酸をもつコンブ。まろやかな甘味が際立つ真コンブをはじめ、産地が異なる羅臼コンブや利尻コンブから個性が光るきれいなだしがとれる。
奈良時代からみつぎものにつかわれ、江戸時代には日本海を渡る貿易船によって広く流通し、各地の食文化が花開くきっかけとなった。時代を越えて大切にあつかわれてきたコンブはいま、天然資源の減少や漁業者の担い手不足という深刻な問題に直面している。歴史を築いてきた海の恵みを未来につなぐためのアクションが求められているんだ。

【 海の宝…コンブ 】

難易度

世界一かたいっていわれている僕。
でも、けずるとやわらかくて
香りがふわっとひろがるよ！

香りをかぐと食欲がわいてくるかつお節は古くからカツオ漁が盛んな鹿児島県枕崎や静岡県焼津が主な産地だ。漁港近くのうでのいい職人さんがカツオをさばき、じっくり煮る、いぶして乾燥、カビをつけて発酵させてさらに乾燥、と長い工程を経てようやく完成する。その時間は実に半年近くにおよぶ。
かつお節がもっているうま味成分のイノシン酸とコンブのグルタミン酸が合わさってできる一番だしは格別だ！　同じ製法でサバやマグロも節になる。かつお節とはちがう独特の風味が評判だ。

【 海の幸…かつお節 】

難易度

小さくて、細くて、長い。
つくり方がそのまま名前になった私。
さて、だれでしょう？

魚を保存する手段として製法技術が発達したにぼし。とれた小魚を新鮮なうちに煮て、脂を落とし乾燥するスピーディな加工がおいしさの決め手だ。全国的に利用されているカタクチイワシやあごだしで有名なトビウオなど、さまざまなにぼしのつかい分けがおすすめだ。クセがないあっさりしただしからコクのあるまろやかなだしまで幅広い味わいが楽しめる。
同じ魚種でも地域によって呼び名が変わるのは、海に囲まれた島国の各地域で人々の生活になじんだ魚だからこそ。小さな体で力強い味を生む愛されキャラだ。

【 海の幸…にぼし 】

難易度 ◈

**生きるために欠かせなくて
食べものからとり入れる。
でもとり過ぎには注意！**

忘れてはならない海からのおくりもの、塩。人の体の中の水分と海水は成分がとてもよく似ている。人が生きる上で必要なミネラルは体内でつくり出せないから、それらをもつ塩を食べものから適切にとり入れる必要があるんだ。
塩の役割は、体内のさまざまなシステムをまもること。筋肉や細胞の働きをコントロールしたり、栄養の吸収と消化を助けたり、脳に刺激を伝えたり……。おどろくほど働きものだ。もちろん毎日の料理にも重要な役目を果たしている。食卓を豊かにするヒントは、塩の作用を知って上手に活用することなんだ。

【 海の宝…塩 】

難易度 ◈◈

**食べものをおいしく保存するには？
その解決策から生まれた私たち。
お弁当にも欠かせない存在よ！**

日本では海水を太陽の熱や風の力で濃縮させて窯で煮つめて塩をつくってきた。自然環境を活かした塩づくりが各地でひろがるとともに発展したのが、食べものを塩に漬けて保存性を高めた食品づくりだ。
冬場に野菜がとれない地域では、秋までに収穫した野菜を塩に漬け保存食にして備えた。つくり過ぎた野菜はせっせと漬けものに、とれ過ぎた魚は干ものに。塩が食べものを大切にする気持ちも育んできた。ごはんのおとも、梅干しやたくあんを楽しめるのも、食べものを保存する塩の力のおかげだ。

【 海とつながる宝…梅干し・たくあん（P84-85） 】

難易度 ◈◈◈

僕は、料理の甘さを引き立てる名わき役。スイカに塩をふるのと同じ効果!?

塩加減が味の決め手だとよくいわれるけれど、素材のもち味をくっきりさせる塩の力は、甘いデザートにも活かされている。

豆かんやあんみつに入っているふっくらまんまるの豆の正体を知っているかな？　皮が丈夫で煮くずれしにくい強みをもつことで和菓子につかわれるようになった赤えんどう豆だ。いろどりをきれいにしたり、食感にメリハリをつけたりする役目もあるけれど、なんといっても、ひかえめな甘味を敏感に感じさせるのが仕事だ。塩を適度に効かせた煮豆を添えることで、デザートをよりおいしく味わえるんだよ。

【 海とつながる宝…赤えんどう豆（P86-P87） 】

いつもの食卓でチャレンジ！

今日のごはんに海は見つかるかな

食べた料理：

どんな海の宝が見つかったか、書いてみてね！

8 こんなにあるよ！ 海の仕事図鑑（カタログ）

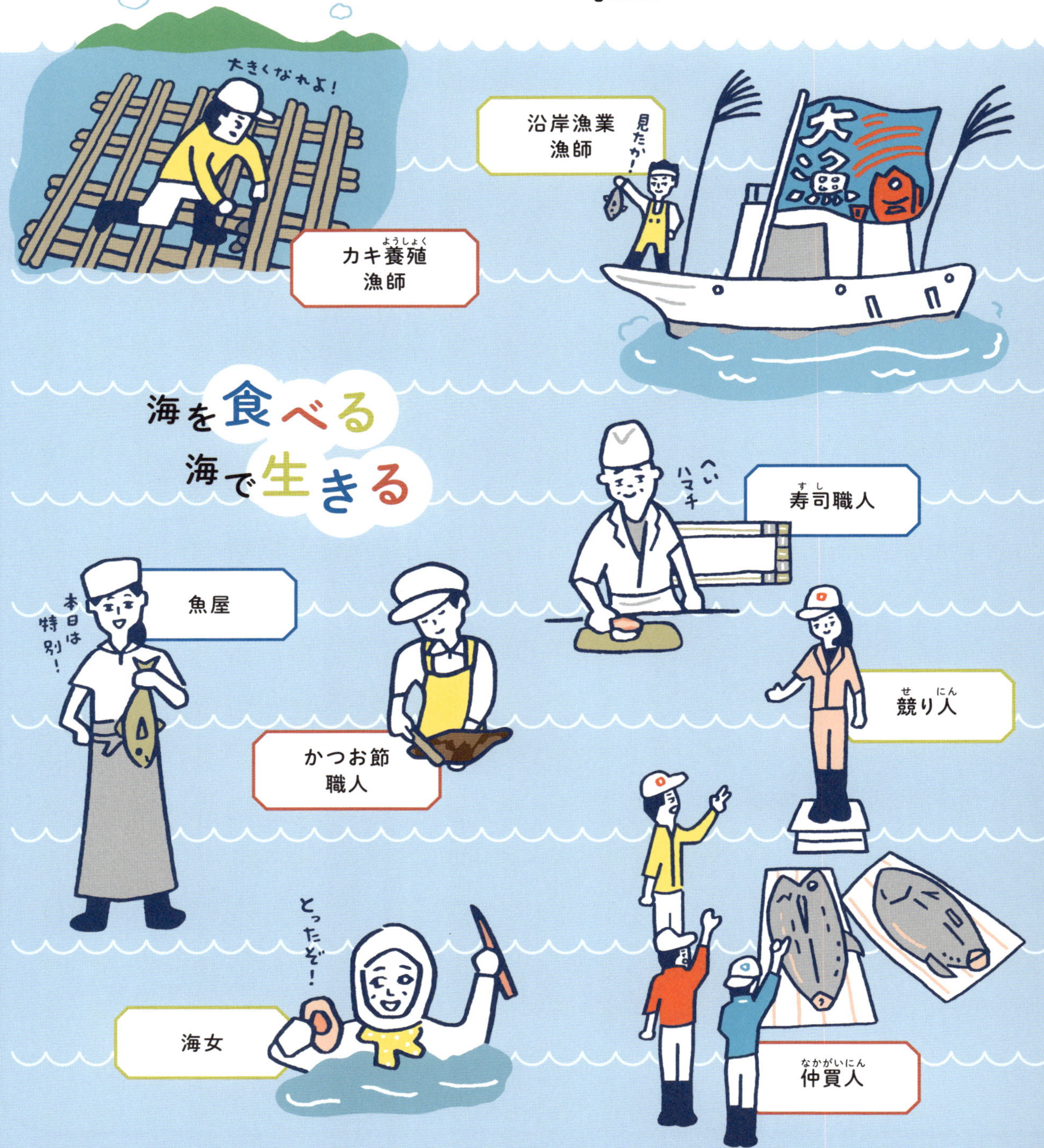

将来、海にかかわる仕事をしてみたい？
ならば、まずはいろんな職業を知るところからはじめよう。
海の仕事、大集合！

海で遊ぶ
海を魅(み)せる
プロサーファー
波はともだち
ホエール
ウォッチングガイド
クジラだ〜
ザバーン!
Kujira
水中カメラマン
いいね〜
ライフセーバー
異常なし!
LIFEGUARD
水族館スタッフ
セイラー
(ヨットレースの選手)

特別けいかい中！
海上保安庁
海上保安庁
特別警備隊
バイオロギング、スタート！
海洋生物学者
海上保安庁
特殊救難隊
海水、とれたかなー？
海洋学者
海を調べる
海で守る
海洋地質学者
しんかい6500
有人潜水艇
パイロット
無人潜水艇
パイロット

海と未来・変革

この港で出会うキーワード

#持続可能な開発目標 #SDGs #ゴール14「海の豊かさを守ろう」
#私たちの世界を変革する #だれひとり取り残さない
#車椅子ダイビング #女性漁師 #新3K #食の未来
#エシカル消費 #プラスチック代替品 #環境DNA
#未来の帆船 #ドローン救助隊 #海洋リテラシー
#オーシャン・ブラインドネス #海洋環境デザイン

44億年前

700万年前

…と、いわれても数字が大きすぎてわからない！
時の流れを実感しやすくするために、地球誕生を1月1日として、
46億年の歴史を1年間で表現してみた。さあ、地球スケールの時間旅行に出かけよう！

海の歴史カレンダー

46億年前 1/1 太陽系が誕生

地球が誕生 マグマオーシャン

海の未来を変える10の挑戦

ゼログラヴィティ
ZEROGRAVITY

鹿児島県・奄美大島の瀬戸内町で、障がい者も健常者も海のアクティビティを楽しめるサービスを提供している。奄美大島は、自然が豊か! おだやかな波に揺られながら、サンゴやクジラを観察できる場所だ。

https://zerogravity.jp

\ SDGsの目標 /

障がいのある人が海に親しむ間口を広げる

教えてくれた人
一般社団法人ゼログラヴィティ
河本雄太さん

海の中の無重力(英語でzero gravity)みたいな感覚を、障がいがある人にも体験してほしい。ゼログラヴィティはそんな想いから誕生しました。ここではだれもが垣根を感じることなく、海を楽しめます。たとえばダイバーふたりが一緒に泳ぎ、水から上がって一方が車椅子利用者だとわかる。そのときにはもう、同じ海で遊んだ仲間になっています。

海の楽しさ、知らないなんてもったいない!

海遊びの定番は海水浴。けれど専用の道具や正しい知識があれば、さらに豊かな楽しみが広がる。きらめく水面を進むシーカヤック、海中という別世界へ行けるシュノーケリングやダイビング、潮風を浴びるクルージング、クジラと出会うホエールウォッチング……。水の中では、体が軽くなったように感じる。いつもとちがう自由と解放感を味わえる。めずらしい生きものやおどろくべき光景、そして知らなかった自分の一面を、発見するかもしれない。そんな体験を障がいのある人にも味わってほしいという願いから立ち上がったのが、「ゼログラヴィティ」だ。

火星サイズの微惑星が衝突して月ができる(ジャイアントインパクト)

はげしい雨が降り続く

海が生まれる

どんな人にも、旅と海の楽しみを

宿泊所「清水ヴィラ」やプールなどがそろう完全バリアフリーの施設も、海のそばにある。いつもインストラクターがいるから、身体に障がいがある人、子どもからお年寄りまで、安心してマリンアクティビティを満喫できる。

ゼログラヴィティは、だれもが快適に旅と海を楽しめる場所。車椅子の目線でつかいやすくデザインされた館内はもちろん、目前に広がるビーチやプールもスロープでつながっています。車椅子のまま船に乗ってダイビングに行ったり、プールに入ったり。利用者のみなさんと事前に相談し、それぞれの状況や希望に応じて自在にアクティビティを組み立てます。海で遊んだあとは、仲間と一緒にプールサイドで囲むバーベキューも格別です！

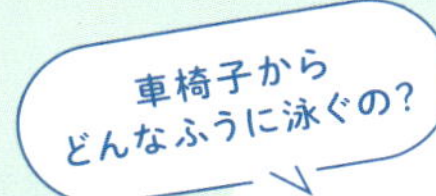

ダイビング体験は、こんな感じでおこなわれる！

1 まずはプールで練習！ スロープ付きで、車椅子のまま入れる

2 専用船「ゼログラヴィティ号」に乗り、ダイビングスポットへ

3 インストラクターと一緒に専用エレベーターで水中に降りていく

4 海の美しさと無重力のような感覚は、体験したら忘れられない！

うしろの黄色い建物が、清水ヴィラだ！

透明なボート「クリアカヤック」で一家は初めて海へ！

海ではじまった幸せが広がっていく

バリアフリー施設とスタッフのサポートによって、障がいがあることで外出をあきらめていた人々が、気軽に海で遊べるようになった。たとえば、健常者のお姉さんと呼吸器を着けた弟さんがいる家族が訪れたときのこと。姉弟でクリアカヤック（透明ボート）に乗り、両親と海へ出たら、透明な舟から魚やサンゴが見えた。子どもたちは目を輝かせ、夜遅くまで寝つけないほど喜んだという。
こうした体験から「楽しみが増えた」「活動的になった」という声が数多くとどく。いまでは障がいがあってもなくても、ゼログラヴィティを何度も訪れる人たちの姿があり、地域にも活気が生まれた。海の魅力を伝えたいという想いが出発点になり、そのエネルギーはどんどん広がっている！

プールの気持ちよさに笑顔のお子さんと、もっと笑顔のお父さん

最後に… 河本さんにとっての海とは？

夢中になれる出会いがあるところ

海は「出会い」をくれるところ。ながめているだけで、その予感のような思いが満ちてきます。人と、新しい学びと、まだ見ぬ自分の感性。そんな夢中になれる出会いが待っているから、海へ入るとき、僕にはいつも期待と緊張があります。

CHALLENGE 02

より多くの人に海の恵みとともに生きる選択肢を

教えてくれた人

株式会社ゲイト
漁師
田中りみさん

ゲイト Gate

リラクゼーションサロンや農業を行うほか、三重県で漁業や水産加工業を行う株式会社ゲイト。流通に乗らない魚の活用や、漁業からはじまる地域活性化を目指し、漁業体験も受け入れている。田中りみさんは、ゲイトの水産事業部リーダーとして小型定置網漁から商品開発までを手がけ、女性だけの漁師チームを率いている。

https://gateinc.jp

＼ SDGsの目標 ／

女性に漁師の
仕事をひらき
地域を元気に

幼いころから思い描いていた漁師の仕事

小さ過ぎたり知られていないというだけで、せっかくとれた魚に値段が付かないことがある。そんな魚たちをとり、加工・販売して活かしているのが、株式会社ゲイトだ。田中りみさんは三重県熊野市二木島で定置網漁から商品開発までを担当する、同社のメンバーだ。漁師の家庭に育ち、いつか自分もなりたいと思っていたが、父からは「女の子だからダメ」といわれてきた。そのためゲイトでは最初、魚の加工を担当していた。しかし、あるとき社長に、「実は漁師になりたい」と話したことがきっかけで、2019年に夢がかなった。

幼いころから熊野の海が大好きで、父親や祖父が漁をする姿を見て「かっこいいな」と思っていました。結局いったん漁師はあきらめましたが、「女の子だから漁師になれない」というのはあくまでも慣習であって、「なぜ女性は漁師になれないのか」と聞いてもしっかり答えてくれる人はいなかったんです。

男性基準で行われてきた漁業に女性も働きやすい環境を

漁師は長年、男性の仕事という前提をもとに仕組みがつくられてきた。重労働のため体力が必要だったり、大量に水あげするために大がかりな機械をつかったりすることも。漁につかう定置網は太く、女性の手ではあつかいづらい。そこで田中さんは細いロープで定置網をつくるなど、くふうしている。さらに漁の時間も、市場の入札の時間に合わせた早朝ではなく日中にすることで、だれもが働きやすい環境をつくっている。

私が思い描く漁業は自分やまわりの人が生活できるだけの量をとって生計を立てていくもの。たくさんとってたくさん売る、といったこれまでの考え方ではなく、海の恵みを活かして暮らすために最低限働く、という考え方もあっていいと思うんです。これまで縁遠かった人にもできるような漁業のかたちをつくっていきたいです。

女性チームの仲間と海へ

自然と暮らしが一体な二木島の風景

田中さんが考える 未来の漁業とは?

女性や若者も漁業にたずさわれる!

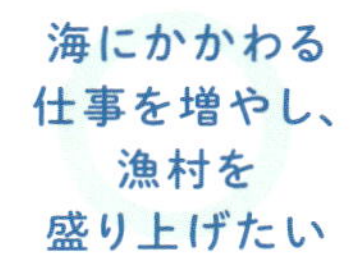

とった魚を活用して持続可能な漁業を

海にかかわる仕事を増やし、漁村を盛り上げたい

定置網漁体験で、観光客や若者に海を知ってもらう!

漁業で地域を元気にする

ゲイトの業務は、ほかにもある。漁業体験を提供したり、学校の課外授業を受け入れたりと幅広い。そのなかで田中さんは、海にかかわる人や仕事を増やすことで、過疎化が進むこの地域を盛り上げたいと考えている。そのために、体験を通して海や地域の魅力を伝えたり、とれた魚を体験の参加者と一緒に食べたりして、暮らしの延長線上にあるような漁師の姿を、より多くの人に伝え続けている。

従来のやり方や考え方にとらわれず、人と海がともに生きていくための働き方を探っていきたいと思います。船に乗って二木島の山や民家、海が一体となった景色をながめるのが大好きだから、さまざまなかたちで海にたずさわる人を増やして地域を盛り上げたいんです。ゆくゆくは、子どもたちが島に戻ってくることが、いまの私の夢です。

最後に… 田中さんにとっての海とは?

楽しい場所

海で仕事をしていると、いろいろな疑問がわいたり発見があったりします。まだまだわからないこともあるし、探究する気持ちが尽きません。私にとって海は仕事場であり“遊び場”。海の恵みのすばらしさをより多くの人に知ってもらい、多様な人と自然が一体になって暮らす、未来の漁村モデルをつくっていきたいです。

CHALLENGE 03

カッコよく、稼げて、革新的。日本の漁業を変えていく

教えてくれた人

一般社団法人
フィッシャーマン・ジャパン
代表理事
阿部勝太さん

フィッシャーマン・ジャパン

FISHERMAN JAPAN

深刻な人手不足が続き、未来に向けて後継者の育成が大きな課題となっている漁業。また海洋汚染や海水温の上昇といった環境問題もあり、安定した漁獲がむずかしい状況だ。そんな課題に立ち向かうべく、宮城県石巻市発で漁業のイメージをひっくり返す「カッコいい」「稼げる」「革新的」の"新3K"を理念に活動している。

https://fishermanjapan.com

＼ SDGsの目標 ／

新しい
漁業の可能性を
ひらく

漁師の後継者不足は、養殖や漁船漁業の衰退につながり、浜の漁業の存続にも影響します。このままでは、いつも食べている魚がとれなくなり、食卓から消えてしまうかもしれません。僕らFJの目標は、2024年までにフィッシャーマンを1,000人増やすことです。石巻だけではなく、全国各地の浜にも働きかけていきたいです。

担い手不足、漁獲量減少、海の環境の変化など水産業を取り巻く課題に向き合う

世界三大漁場とされる三陸金華山沖をもつ、三陸の海。ホタテやホヤ、カキ、ワカメなど、豊富な魚介類が育ち、水あげされている。東日本大震災による大きな被害を受け、地域や業種を越えて未来の水産業を盛り上げていこうと若い漁師たちがアクションを起こし、「フィッシャーマン・ジャパン」(以降、FJ)が始動した。

水産業にかかわる人を増やすために

FJはいま、新世代のフィッシャーマンを増やし、国の水産業を変えていこうとする「TRITON PROJECT（トリトンプロジェクト）」に力を入れている。活動内容は、漁師になりたい人と漁師のマッチング、漁師や水産業者の求人のフォローのほか、漁師や漁業の仕事を学べる機会の創出、アルバイトやインターンによる若者への漁師体験の場の提供などと幅広い。漁師になったあとも安心して働けるよう、シェアハウスも整備し、さまざまな角度から将来の担い手の育成を進めている。

漁師は家業として営まれることが多く、募集が公に出ることはあまりありません。なり方も表に出てきませんでした。FJは、プロジェクトの活動を通して海に関心をもつ人と漁師、海をつなげています。漁師を選択してハッピーに働けるように、責任をもって取り組んでいます。

阿部さんが育てるワカメ・コンブは、サステナブルシーフードの国際認証「ASC認証」を取得している

仙台空港に、生産者直送でおいしい三陸の海の幸が楽しめるお店もオープン

FJが目指す4つのこと

- 水産業の仕組みを変える
- 未来のフィッシャーマンを育てる
- 漁業の魅力を伝える
- これからの水産業を持続可能にする

漁師になりたい人が足を運べる場所

漁業の魅力を伝える取り組みも活発だ。TRITON PROJECTの一環として、石巻駅の近くに構える事務所の1階を「TRITON SENGOKU」と名付け、漁師と漁業に関心のある人をつなぐ場として活用。漁師は浜から出向き、漁師になりたい人と面談する。高校生が地域学習で訪ねることもあるという。FJから人の輪が広がり、海とつながる人が増えている。

TRITON SENGOKUはFJの情報やグッズも充実、調理もできる。いわば海の秘密基地だ

インスタグラムでも積極的に情報を発信中 @fishermanjapan

最後に… 阿部さんにとっての海とは？

生きる術と活力

漁師として生きる上で、海は切っても切り離せない存在です。生きるための手段であるとともに、モチベーションを高めてくれる存在でもあります。海で何を生み出し、どう稼ぐのか。これからも刻々と変わる海と向き合いながら、仕事をし続けていきます。

シェフス フォー ザ ブルー

Chefs for the Blue

豊かな海と日本の食文化を未来につなぐために立ち上がったフードジャーナリストとトップシェフ約40人のチーム。日本の海と魚の危機的な状況について学びながら、持続可能な海を目指して、企業や自治体とのプロジェクトや食イベントなどさまざまな活動を展開する。

https://chefsfortheblue.jp

＼ SDGsの目標 ／

仲間とともに
魚のとり方・食べ方を
学び海をまもる

教えてくれた人
一般社団法人
Chefs for the Blue
代表理事
佐々木ひろこさん

まずは海の現状を知って問題意識をもつ人が増えることが重要です。魚が海から食卓までとどく道のりは長く、仕組みも複雑。そのスタートとゴールである生産と消費が変わることがもっとも大切です。シェフは魚をとる・つくる人と食べる人の間に立ち、両方に対して働きかけることで社会を動かす原動力になれる。これが活動の大きな強みですね。

このままだと魚が食べられなくなってしまう!?

いつも仕入れていた魚が手に入らない。サイズも小さくなっている。毎日、水産物をあつかうシェフたちが直面している海の現状だ。

日本の漁獲量はピークだった1984年から約40年で1/3までに減少。主にふたつの理由がある。ひとつは沿岸の開発や温暖化などにより魚が生きる環境が悪化していること。もうひとつは魚をとりすぎてしまっていること。

「何かが起きている――」。危機感をいだいた彼らは、いち早く海の問題に気づいていた佐々木さんの呼びかけで集結。持続可能な魚のとり方や食べ方を学び、魚食文化を未来につなぐために「シェフス フォー ザ ブルー」を立ち上げた。

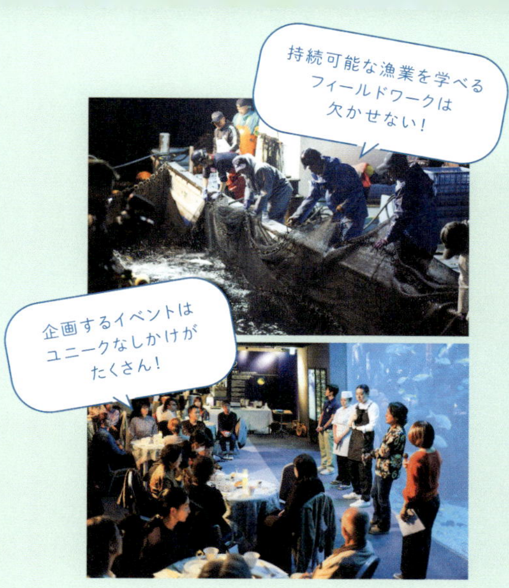

海の問題に立ち向かうシェフの力

多くの人たちの意識や行動を変えていくための取り組みは、おいしい料理をつくる技をもつシェフならではだ。流通に乗らない魚をつかった商品開発や、海の環境に負担をかけない漁業を学ぶ食のイベントを多く手がける。シェフからの提案は、海をまもりながら魚を楽しむ新しいアクションだ。学びや知識を共有できる仲間づくりにも力を入れている。ひとりで解くにはむずかしい海の問題でも、仲間とともにチャレンジすれば解決策を生む力となる。

メンバーシェフがつくる魚のパイ包み焼き。資源量をまもってとられた魚をつかい遊び心ある一皿に

「楽しい」「おいしい」を入り口に海の未来を考える

「生きものとしての魚、食材としての魚、商材としての魚、資源としての魚。多面的に魚をとらえることが大切です」と佐々木さん。生きものとしての魚の面白さを知るために水族館に行くことも一案だ。日本に100以上ある水族館めぐりは楽しいだろう。どの水族館でも地元の海にいる魚を紹介していて、魚のちがいや種類の多さを学べる。

団体が主催するプログラム「THE BLUE CAMP」では、学生たちがこの4つの角度から海の問題に向き合い、集大成として海の未来を表現するレストランを期間限定で開く。おいしい体験から、海や魚をもっと身近に感じてもらおうとする試みだ。

＼学生向けプログラム／

THE BLUE CAMP ではどんなことをするの？

1 漁港視察
漁師さんの仕事を実際に見て学ぶ！

2 企画会議
意見とアイデアを出し合う！

3 レストラン研修
トップシェフから魚のあつかい方を教わる！

4 ポップアップレストラン運営
アイデアをかたちにしてお客様に想いを伝える！

調理や水産だけでなく政治や経済などいろんな分野で学ぶ学生が集まっています。彼らが将来、海にかかわるさまざまな仕事で活躍するときに、プログラムで築いた関係性が活かされると期待しています。「希望ある未来を社会に示すことが私たちの役割だ！」と意気込む学生たちのポジティブな姿に刺激を受けますね！

最後に… 佐々木さんにとっての海とは？

私達の食文化の源

海の恵みで育まれてきたのが日本の食文化です。世界の海水魚約15,000種のうち約3,700種もの魚が日本の海にすんでいるんですよ！ この豊かな海を大切にしていくことが、食の未来をまもっていくことにつながると信じています。

CHALLENGE 05

海をまもる商品・仕組みで海にやさしい人を増やしたい

教えてくれた人
ジーエルイー合同会社
株式会社マナティ
代表
金城由希乃（きんじょうゆきの）さん

サンゴに優しい日焼け止め

EARTH & CORAL FRIENDLY UV BALM

植物油やミツロウなどでできた、固形タイプの日焼け止め。サンゴを傷つけず、肌にもやさしい。ラベンダーやユーカリといったリラックスできる香りがついているのも特長だ。

https://www.instagram.com/sango.okinawa/

＼ SDGsの目標 ／

身近なアクションから海をまもる

18歳のとき、生まれ育った沖縄の海で初めてシュノーケリングをして、海中の美しさに魅せられました。それ以来、海に行くことが私のアイデンティティになったんです。サンゴについては論文を読んで学び、研究開発してサンゴを傷つけない商品をつくりました。「サンゴに優しい日焼け止め」は沖縄の美しい海をまもりたいという想いから生まれた商品です。

サンゴを傷つけない日焼け止めを

沖縄の海には、色あざやかで美しいサンゴが多く生息している。植物に見えるが実は動物の一種で、小さな個体がいくつも集まって大きなサンゴをつくっている。美しいだけでなく、海の中の生態系を育む重要な役割を果たす。

そんなサンゴは、私たちが普段からなにげなく塗っている日焼け止めにふくまれる化学成分によってダメージを受けてしまう。日焼け止めがサンゴに悪い影響をあたえていることにショックを受けた金城さんは、天然素材のみをつかって「サンゴに優しい日焼け止め」を開発した。

やさしい人が、やさしさを表せること

完成後はメディアを通して、また人づてで少しずつ広まった。買った人から感謝の言葉や「私の敏感肌にも合います」といった声もとどき、いまでは人にもサンゴにもやさしい商品として浸透している。金城さんは日焼け止めの販売を通して、だれでも簡単に環境をまもるアクションを起こせる社会をつくりたいと考えている。

この商品をつかうことでだれもが“なにげなく”海へのやさしさを表現できることが大切だと思っています。環境をまもる行動を起こしたり、環境問題について伝えたりすることは、だれでもいつでもやっていいことなんだよということを伝えたいんです。山も海も人もつながっているので、その調和を楽しみながら環境をまもれる商品の販売や活動を、これからも行っていきたいです。

クリーンアップアクティビティ マナティにも参加してみよう!

マナティのパートナーを訪れる

袋はワンコイン（500円）で借りられる

パートナーから地域の分別ルールを教えてもらい海岸へ

集めたごみはマナティバッグとともにパートナーに返して、手ぶらで帰宅できる

全国90以上のパートナーと海にやさしい仕組みをつくる

美しい海をまもりたい。そう思う人が多くいても、海にやさしい行動ができる仕組みがなければ、そのやさしさはなかなか実らない。たとえば旅先で、海岸の漂着ごみに気づいても、拾ったらどこに捨てればいい？　と困ることがあるだろう。
金城さんのもうひとつの取り組み、クリーンアップアクティビティ「プロジェクトマナティ」は、地域のパートナーと訪れた人をつなぎ、だれもが気軽にごみ拾いに参加できる仕組みだ。現在では沖縄県を中心に、全国90以上のパートナーが活動に賛同している。

最後に… 金城さんにとっての海とは?

毎日行きたい場所

なかなか毎日行くことはできていませんが、本当は毎日行きたい。マザー・アース（Mother Earth）という表現があるように、まさに海は生命のゆりかご。そんな大事な存在をまもることを人間は忘れていないかな？　と思っています。海をあたりまえに大事にしていける社会をつくりたいです。

CHALLENGE 06

海を汚さないラッピングで自然も人も無理せず笑顔に！

教えてくれた人
ModernR
合同会社
ミミさん

エコ・ラッピン

ECO Wrappin'

インドネシアで開発された海藻シート「Biopac（バイオパック）」でつくる、ギフトバッグやパッケージなどのラッピング製品。つかったあとは分解されて自然にかえり、ごみにならない。海藻農家の支援にもつながるサステナブルな製品。

https://www.modern-r.jp/biopac

＼ SDGsの目標 ／

貧困とごみ問題の
解決に
海藻の力を

きれいな海とそこで暮らす人のために

プラスチックごみによる海洋汚染に悩まされてきたインドネシア。この問題をなんとかしたいと立ち上がったのが、国内の大学で食品工学を教えていたノーリヤーワーティ・ムリョーノ（ノリー）さんだ。大量にとれ過ぎ、つかいみちに困っていた地元の海藻から、プラスチックに代わる包装資材Biopac（バイオパック）を生み出した。

海藻は、水や土の微生物に分解され自然にかえる。だからバイオパックでつくるラッピング製品ならつかったあとごみにならない。さらに貧困に苦しむ地元の海藻農家の支援にもなる。インドネシアの自然と人を想う心が、研究開発の原動力になった。

ごみにならないラッピング製品

水の使用を最小限におさえ、CO_2や有害な廃棄物を出さないなど、環境にやさしい方法でつくられるバイオパック。これに着色や印刷、厚さ調整などの加工をし、さまざまなラッピング製品ができあがる。
日本でも2023年春から「エコ・ラッピン」としてモダナーが取りあつかいをはじめた。現在は入浴剤やネイル用品、雑貨などのギフトバッグに利用する人が多いそうだ。実際につかった人からは「水にとかしたら消えてなくなった」「ごみにならないとはこういうことか」など、おどろきの声がとどいている。

開発者・ノリーさんのインドネシアの海と人々への熱い想いに共感しタッグを組みました。海藻でできているエコ・ラッピンは水やお湯にとけるだけでなく、そのまま食べることもできます。耐久性など、改良したいところはまだありますが、多くの可能性があります！

エコ・ラッピンの特長

食品や雑貨を入れるのにぴったり。レジ袋やギフトバッグなどかたちはさまざま！

インドネシアと日本の二人三脚

エコ・ラッピンをラッピング製品の主流にしたい、と語るモダナーのミミさん。コンビニで手にするいつもの商品のパッケージがエコ・ラッピンになっていけば、それに気づいた人が海のごみ問題やそこで暮らす人のことを考えるかもしれない。そういう人が増えていけばプラスチックごみは減り、きれいな海が取り戻せる。
おしゃれなラッピングや心のこもった包装が好きな人が多い日本。それだけにごみにならないラッピング製品への関心は高く、多くの企業から問い合わせがあるという。そこから得られた情報やニーズを提供し、インドネシアと日本の二人三脚でよりよい製品を開発する日々が続く。合言葉は「包装が変われば、未来が変わる」。豊かな自然と人々の暮らしが調和する日は、きっとやってくる。

ノリーさん（左から3番目）とスタッフ。教育と就職の機会がない若者を積極的に採用

最後に… ミミさんにとっての海とは？

心がきれいになる場所

海は私たちの心と同じように、おだやかな日もあれば、荒れる日もあります。ながめているだけで不思議と心が浄化される気がします。海がきれいになれば、世の中のいろんなことが良くなるはず。だからこそ、子どもたちにきれいな海を残したいし、残さなければならないと考えています。

ANEMONE アネモネ

All Nippon eDNA Monitoring Network

環境DNAという新しい技術をつかった海の生物多様性観測網。専門家だけでなく一般市民も参加できる新しい生物調査法「環境DNA調査」を全国の海や河川で実施。収集した生態系に関する情報をデータベース化し、インターネット上で広く公開（要登録）している。

https://anemone.bio

＼ SDGsの目標 ／

ビッグデータを
集めて
海をまもる

教えてくれた人

東北大学大学院
生命科学研究科 教授
近藤倫生さん

現場に残された血液などの証拠を分析し、調査に活かす科学捜査の生物版、それが環境DNA調査。そこから得た遺伝子情報は、どんな生きものがどんなDNAをもっているかを記した膨大なデータベースと照らし合わされ、生きものの名前を特定します。海の水の中にあるDNAは、3日くらいその場に残っているので、バケツ一杯の水からわかることはたくさんあります。

DNAが教えてくれる生きものたちの様子

近年、大きく変わってきたといわれる海の生態系。その実態を科学的アプローチからとらえようと、2019年から本格的にはじまったのが生物多様性観測網「ANEMONE」である。全国の海や河川の生物多様性がわかるデータを収集するために利用しているのが、革新的な調査手法として期待されている環境DNAだ。

環境DNAとは、水中に存在する生きもののうろこや、ふんなどから得られる遺伝子情報のこと。それを読み解けば、その地点の海や川で暮らす生きものの種類や数の変化、日々の動きが見えてくる。しかも、専用キットがあればだれでも調査に参加できるため、より多くのデータを集めることが可能になるという。

だれもが参加できる生きもの調査

海の生態系の生物数や種類は場所や時間が少し変わるだけで大きく変わる。そのため、より多くの地点でデータを集めることが重要だ。ANEMONEは77の定期観測地点に加え、これまでに環境団体や自治体の主催のもとに環境DNA調査を全国1,000地点以上の海や河川で、計5,000回以上実施。子どもをふくめ多くの市民が各地の調査に参加した。
調査後には、必ずデータを分析した専門家からの結果報告会がある。調査に参加した市民にふだんは気づかない身近な海の豊かさを伝えるためだ。

たくさんの生きものがいると知り、「この海は宝の山だね」といったお子さんがいました。地元の海に足を運び、その海のことを知って、誇りをもつようになる。それが生物調査の良さだと思います。

専用キットがあればだれでも参加可能!

まずは採水。調査する日時や場所、天候などのデータも忘れずに記録

注射器状の専用器具で吸いとった海水をろ過

環境DNAが残るフィルター部分を研究機関へ送れば完了だ

世界に広げたい生物多様性観測網

近未来の生態系の変化を予測でき、“生きもの天気図”としての役割も果たすANEMONE。そこから得られたビッグデータは、インターネット上で公開されている。漁業や養殖業で働いている人はもちろん、持続可能な社会をつくるためのさまざまな経済活動にかかわる人にとって貴重なデータになると期待されている。
この先、私たち人間は海とどのようにかかわっていくのか。それを考えるには、まずは海の生態系を正しく知ることが必要、と語る近藤さん。環境DNAやAIによるデータ分析など、革新的な技術がつかえる今だからこそ見えてくる海の素顔があるという。その素顔につながる環境DNA調査に協力してみてはどうだろう。

ANEMONEで表示される、カタクチイワシのDNAが検出された地点

海につながる川でも行われている環境DNA調査
photo:南三陸町自然環境活用センター

最後に… 近藤さんにとっての海とは?

怖くて知りたいもの

子どものころ、名古屋港の岸壁から真っ暗な夜の海を見ました。うっかりすると異世界に吸いこまれてしまいそうで、少し怖かった。でも、どうしても気になって、そこに何があるのか、のぞきこまずにはいられなくなる。それが僕にとっての海の原体験です。

最古の超大陸ヌーナが出現

CHALLENGE 08

真剣(しんけん)に楽しみながらごみを拾う 海ごみ問題が自分ごとに！

海岸に現れた大きな魚と一緒にごみ拾い

photo:Hiro Yamashita

旅するごみ箱
TABISURU GOMIBAKO

魚のフォルムが目を引く「旅するごみ箱」。海岸に置かれた巨大(きょだい)な箱は、常設ではなく折りたたんで運べる移動式のごみ箱だ。ごみ拾いのプロジェクトとして石川県の海岸からスタートし、全国の各地の海岸や都心の公園にも出現。みんなで楽しみながらごみを集めよう。
https://team.expo2025.or.jp/ja/challenge/1234/

＼ SDGsの目標 ／

全国で
みんなで
参加できる！

教えてくれた人
金沢(かなざわ)大学
融合(ゆうごう)研究域
融合科学系 准教授
河内幾帆(こうちいくほ)さん

海岸のごみは、拾っても拾ってもなくならず、絶望しかけます。でもごみ拾いを体験すると、意識は変わるもの。砂浜(すなはま)や道でごみに気づけるようになり、行動も少しずつ変化します。そんな海の活動を広げていくために、気軽に楽しめるポジティブなアプローチを考えました。そこから「旅するごみ箱」がはじまりました。

海に行き海岸のごみを見る大切さ

世界中で深刻化している海洋ごみの問題。まちで正しく回収されなかったごみが海に流れ、海岸にもたまっている。海にどんなごみがあり、海洋ごみはこの先どうなるのか。そして自分たちは何ができるのか。「旅するごみ箱」は、みんなでごみを拾い、自分ごととしてごみ問題に向き合うきっかけにもなる取り組みだ。海辺に映える魚のごみ箱と一緒に海岸をきれいにする、ごみ拾いの新しいかたちだ。

拾いたくなるしかけとかわいさ

「ごみ箱に見えないごみ箱を」。遊びの要素を盛りこみ、みんなが参加できるアトラクションを目指して、株式会社電通と金沢大学の有志が中心となって制作したのが「旅するごみ箱」だ。常設ではなく移動できる組み立て式で、1時間のごみ拾いを想定し、45リットルのごみ袋が60袋以上収納できるサイズ。折り紙をモチーフに三角形を組み合わせて建てる設計になっている。安全を最優先に、強風や雨に耐える丈夫さをキープし、親しみやすい魚のかたちになった。

ごみ箱は単一素材のリサイクルできるものでできています。止め金にはペットボトルキャップをつかっています。海岸にあるプラスチックのごみは、まちから出てきたもの。プラスチックの巨大な魚がそれを飲みこんで、またまちに戻っていく。その違和感が面白いと感じています。またかわいさも大切にした要素です。かわいいごみ箱があれば、人にシェアする原動力にもなります。

「旅するごみ箱」はどんなふうにつかわれているの?

パーツを分解して保管。このまま運べる

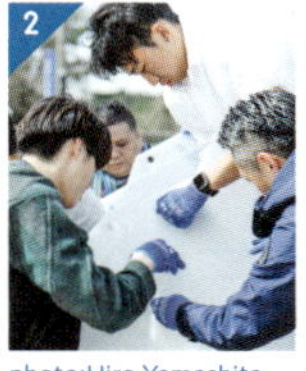

photo:Hiro Yamashita

1時間ほどで組み立てが完了

ワークショップで海ごみについて話し合う時間も!

真剣に、思い切り楽しくごみを拾う

「旅するごみ箱」は、海岸で参加者といっしょに組み立て、みんなでごみを拾っていく。そのあとは、ワークショップなどで参加者同士が対話し、海ごみへの関心を深め合う。どうしたらごみを減らせるかをみんなで考えるうちに、意識や行動に変化が生まれ、仲間も増えていく。海でのごみ拾いをきっかけに、新しいコミュニティとつながりを生み出す取り組みなのだ。

photo:Hiro Yamashita

最後に… 河内さんにとっての海とは?

社会を変えるチャンス

海に行ってごみを拾う。これは社会を知る貴重な機会だと思います。海のごみは、がんばって拾ってもまだまだあるのが現実です。海のごみに向き合うことは、集まったごみはだれが回収するか、リサイクルする手段はあるかなど、社会の仕組みを考えることにつながります。海はまさに社会を知る絶好の場所で、社会を変えるチャンスももっていると思います。

CHALLENGE 09

CO_2の排出量を減らすために再び船に風の力を！

風の力で航海しよう ウインドチャレンジャー！

ウインドチャレンジャー

WIND CHALLENGER

風力を利用する最新の帆船システム。風の力をつかって船の推進力を高めることで、燃料(石油)の消費と船から排出されるCO_2を減らすことができる。写真はウインドチャレンジャー第1号の貨物船「松風丸」だ。

https://www.mol-service.com/ja/

＼ SDGsの目標 ／

新時代の
技術が
活きる帆

教えてくれた人

株式会社商船三井
チーフ・サステナビリティ・オフィサー
渡邉達郎さん

船をつくる仕事は造船業。私たちの仕事はその船をつかって、さまざまなものやエネルギーを運ぶ海運業です。港は世界中にあるので、私たちは船で世界の国々をつなぐことができます。海運業には日本だけでなく、世界の国々の経済や暮らしを支える使命があります。発展途上国の発展のためにも貢献できる仕事です。

海をゆく船にできる脱炭素

地球の表面の7割は海。人は飛行機や自動車よりずっと昔に船をつくり、海をつかってたくさんの人やものを運んできた。

いま、船の主な燃料は石油だ。だから貨物船からはCO_2が排出されている。CO_2をまったく出さずに運航することはむずかしいけれど、排出量を減らすことはできるはず。その挑戦心が、自然エネルギーの風力をつかう新時代の帆「ウインドチャレンジャー」開発につながった。

［日本の貿易における輸送手段の割合］

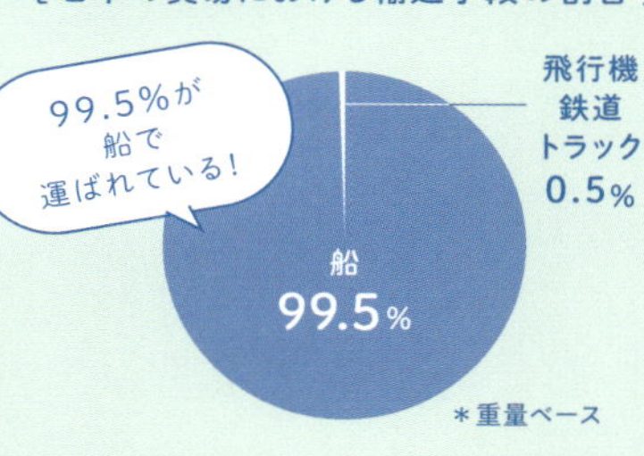

たとえば、お店に並んでいる食べものや衣類、家を建てる木材や鉄鋼、電気やガスなどのエネルギー。運ばれてくるうちの99.5%は船が運んでいる

風力を船の推進力に変えるプロジェクト

19世紀まで、貨物船の多くは風の力で動く帆船だった。ただ、風は毎日、吹き方が変わり、安定しない。時間どおりに港に荷物を運ぶため、現代では石油が主な燃料だ。
商船三井は2009年、石油の消費量を減らし、CO_2の排出量を減らすために、風力を利用した船の開発プロジェクトに参加した。帆が風の力を受けることで、船の浮く力が大きくなり船の推進力が高まる。この仕組みを利用してウインドチャレンジャーは開発された。
2022年、ウインドチャレンジャーをのせた第1号の貨物船「松風丸」が大海原を走った。石油燃料の消費量は5~8%、最大で1日に17%も減らすことができた。その分、CO_2の排出量も減少している。

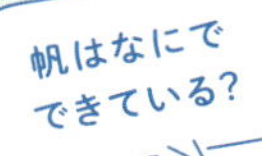

帆は自動でのびたりちぢんだり

帆船は、風の強さや向きによって、帆の角度や張りを調節する必要がある。昔の帆は、あつかうのに高い技術が必要だったが、ウインドチャレンジャーはセンサーで風の強さや向きを感知して、自動で調節することができる。
また、昔の帆は布でできているが、ウインドチャレンジャーの帆は、ガラス製繊維強化プラスチック(GFPR)だ。GFRPは軽くて丈夫なのが特長。貨物船は荷物を運ぶ船だから、帆が軽くなった分だけ多くの荷物が運べる。

走りながら水素をつくる未来の船なのだ!

ウインドチャレンジャーは進化中!水素をつくるウインドハンター

いま開発中のウインドハンターは、たくさんのウインドチャレンジャーの帆で受けた風で、水中タービンをまわして発電する。その電力で水素を生産し、ためておくこともできる。風が強いときは風力で走り、風が弱いときは、水素で船を動かす仕組みだ。完成すれば、海の上でもエネルギーをつくれるようになる。けっして夢ではない。

最後に… 渡邉さんにとっての海とは?

すべては海の向こうから

99.5%のものが海の向こうからやって来ます。海があるから、私たちはほかの国から必要なものを受け取り、日々の生活を営むことができるのだと思います。海を越えて、船で人やものを運ぶ海運の仕事は、世界の平和につながっていると感じています。

CHALLENGE 10

海での事故現場にいち早くかけつける！ドローンをつかった最新の航空隊

ブルーシーガルズ

BLUE SEAGULLS

静岡県焼津市の防災航空隊。「ブルーシーガルズ」はニックネームで、シーガルは市の鳥のユリカモメのこと。地震や津波、風水害、山のそうなん事故や火災などが起きたときにドローン（無人航空機）をつかって状況把握や救助活動を行う。2016年にスタートした。

https://www.city.yaizu.lg.jp/safety/bosai/bosai-info/others/blue-seagulls.html

＼ SDGsの目標 ／

テクノロジーを駆使した行政主導の災害対応

教えてくれた人

焼津市防災部
地域防災課
山下 晃さん

ブルーシーガルズの隊員は、焼津市役所の防災部などに勤める公務員。自動車を運転するのに免許がいるように、ドローンの操縦にも国家資格が必要になります。焼津市は日本全国の市町村で初めて「無人航空機登録講習機関」としての登録を受け、無人航空機の学校としてドローンパイロットを輩出しています。私は2016年から勤務し、指導者として隊員の育成にも力を入れています。

消防本部と協力して災害現場にかけつける

焼津市は災害が起きたときに、すばやく情報を集め、救助に向かえるように無人航空機＝ドローンを取り入れた。空から焼津市のまちや人をまもる「ブルーシーガルズ」の誕生だ。ブルーシーガルズの拠点は消防本部と同じ庁舎の中にあり、ふだんからコミュニケーションをとっている。海や川の事故、建物の火災や山火事、山でのそうなん事故などが起きたときには、消防本部とともに出動する。

空から撮影して災害現場の様子を伝える

災害や事故が起きると、ブルーシーガルズの隊員は消防本部の隊員とともに、すぐに現場に向かう。たとえば、海に流された人がいる！　というSOSが入ったら、海岸からドローンを飛ばして、その人を捜索する。ドローンにのせたカメラで撮影しながら探すのだ。
ドローンが撮影した映像は同時に消防本部でも見られる。だからカメラに流されている人が映ったら、すぐに救助に向かうことができる。現場の状況が映像でわかるようになったおかげで、救助をよりスピーディに行えるようになった。
また救助にはヘリコプターが出動することが多いが、ドローンがあることでヘリコプターの到着を待つ間に捜索をはじめることができるようになった。

海でおぼれている人をドローンで見つけるのは、本当にむずかしいです。海は山とちがい、目印になるものがありません。カメラは下を向いているから、ひたすら海面だけが映ります。それに、おぼれている人を探しているとき、カメラにその人が映っても、ほんの小さい点や細い線にしか見えないことがあります。カメラからの距離によっては人かどうか、わかりにくいのです。だからこそ、ふだんからしっかり訓練することが大切なんです。

これがドローンでできることだ！

映像を撮る

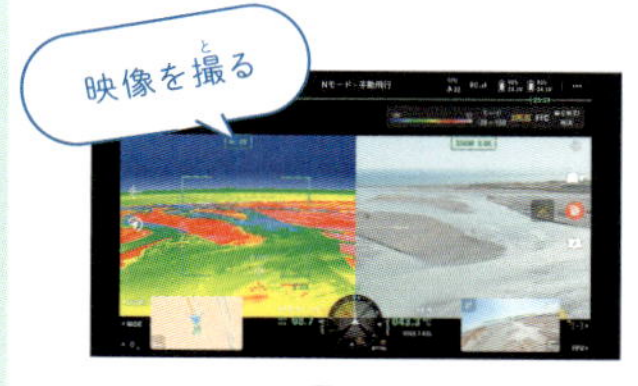

左の画面は夜でも撮影できて、温度のちがいを色で表す赤外線カメラの映像だ

離れた場所で共有できる

指揮現場と指令センターで画面を共有

救助の様子も画像で確認できる！

リアルタイムに状況を見られる

浮き輪をのせて発進！

どんどん進化するドローンの可能性は無限大

ドローンはまだ新しい機材だ。技術がどんどん開発されて、進化するスピードがものすごくはやい。カメラをつけて撮影するだけでなく、たとえば、おぼれている人に浮き輪やライフジャケットを運ぶこともできる。スピーカーから「がんばれ！」と声をかけたりすることもできる。救助のためにドローンができることは、これからも広がっていく。ブルーシーガルズの隊員たちのアイデアとくふうしだいで、それが現場で活きていくのだ。

最後に… 山下さんにとっての海とは？

感謝の気持ちを持って。
共存していく

焼津市は水産業のまちです。海のおかげで私たちのまちは成長してきました。事故や津波は怖いけれども、海はおそろしいだけでなく、たくさんの恵みをあたえてくれます。「これからもお世話になります」という感謝の気持ちを忘れずに仕事を続けていきたいと思います。

海の歴史カレンダー

ようやっと人類登場！

海の歴史を1年としてみたら、人類の歴史はたった1日

人類出現

10:40:00

700万年前 人類の祖先となる二足歩行の猿人が出現

600-530万年前 地中海が干上がる

20:11:00

200万年前 原人の誕生／水産資源を利用しはじめる

20:03:00

50万年前 ネアンデルタール人が出現

23:26:00

30万年前 ホモ・サピエンスが出現

23:48:00

10万年前 人類が漁猟活動を開始

8万年前 世界最古の漁具（ケニアのカタンダ遺跡で発見）

7万年前 最終氷期がはじまる

6-5万年前 人類が本格的にアフリカを出て世界各地に移住をはじめる

4万年前 ネアンデルタール人が絶滅

3.8万年前 ● 人類が海を渡って日本列島に移住

2万年前 最終氷期の最寒期

1.3万年前 ● 縄文時代に多数の貝塚がつくられた

1万年前 最終氷期がおわり農耕・牧畜がはじまる

農耕・牧畜の開始

● は日本での出来事

文明誕生

23:59:34 あと26秒！

紀元前3000年頃 メソポタミアや古代エジプトなど文明が誕生

紀元前1400年頃 カヌー航海術をもつポリネシア人の祖先がさかえる

紀元前500年頃 中国で羅針盤が発明された

紀元前320年頃 アレキサンダー大王が初めて乗りもので海にもぐる

23:59:46 あと14秒！

西暦元年

150年頃 プトレマイオスが正距円錐図法を使った世界地図を作成

607年 ● 小野妹子　遣隋使として随に派遣

982年 ノルウェー人航海者“赤毛のエイリーク”がグリーンランドに入植

1271年 マルコ・ポーロが東方に旅立つ。1295年に海路で帰国

1281年 ● フビライ軍が軍艦で日本を襲撃するが失敗（蒙古襲来）

1337年 百年戦争が勃発（多くの海戦）

1347年 ヨーロッパでペスト大流行

大航海時代

1492年 クリストファー・コロンブスがバハマ諸島に到達

1497年 ヴァスコ・ダ・ガマがポルトガルからアフリカ経由でインドへ向けて出航

1519年 フェルディナンド・マゼランが史上初の地球一周航海に出航

1569年 ゲラルドゥス・メルカトルが世界地図を完成（メルカトル図法）

産業革命

1780年 ジェームズ・クックがエンデバー号で南太平洋を探検

1831年 チャールズ・ダーウィンがビーグル号に乗船、世界一周の航海へ

1851年 ドーバー海峡に世界初の海底電信ケーブルが敷設

1869年 スエズ運河が開通　ジュール・ヴェルヌが『海底2万里』を出版

5億年前 11/22　紫外線を防ぐオゾン層の発達

4.7億年前　植物が陸地に進出、最初の木が生まれる

4.4億年前　生物の大量絶滅

4.2億年前　魚の時代　デボン紀のはじまり

昆虫、両生類、は虫類の祖先が陸地に進出

3.7億年前　生物の大量絶滅

3.6億年前　軟骨魚類、硬骨魚類が繁栄

3.4億年前　あごのある魚、板皮類が誕生

3億年前 12/8

2.9億年前　裸子植物が誕生

2.6億年前　超大陸パンゲアが出現

2.5億年前　史上最大の大量絶滅　海が無酸素状態に

ここまでの長い長い時間旅行は楽しめたかな？
生物が海から陸に上がったのは秋も深まる11月のおわり。
人類の祖先が誕生したのは大晦日（おおみそか）の午前だった！
そして20世紀は最後の1秒にすべて入ってしまう。
この1秒で人間はようやく海のことを理解しはじめたんだ。

あと1秒！

23:59:59

- **1912年** タイタニック号が北大西洋で沈没
- **1914年** パナマ運河が開通
- **1930年** 世界初の有人深海調査船バチスフィアが水深434mへ
- **1947年** 海洋生物学者トール・ヘイエルダールらがコン・ティキ号に乗って南米大陸からポリネシアに到達
- **1951年** 測量船チャレンジャー8世号がマリアナ海溝の南西端に世界最深部を発見
- **1958年** 海に関する政府間協力を推進する国際海事機関（IMO）設立
- **1960年** 深海潜水調査艇トリエステがマリアナ海溝で10,916mの潜水に成功
- **1961年** モホール計画で世界初の深海掘削
- **1962年** 海洋生物学者レイチェル・カーソンが『沈黙の春』を出版
- **1963年** バックミンスター・フラー『宇宙船地球号操作マニュアル』出版
- **1964年** 太平洋横断海底ケーブル完成
- **1967年** アメリカの人工衛星が世界初の地球のカラー写真を撮影
- **1968年** 深海掘削船グローマー・チャレンジャー号が初航海
- **1972年** 廃棄物投棄に係わる海洋汚染防止条約（ロンドン条約）が採択
- **1977年** 潜水調査船アルビンがガラパゴス諸島沖の深海で熱水噴出孔と化学合成生物群集を発見
- **1982年** 海洋法に関する国際連合条約（海の憲法）が誕生 国連海洋法条約が採択
- **1985年** タイタニック号が海底3,650mで発見される
- **1988年** 気候変動に関する政府間パネル（IPCC）設立
- **1989年** ●有人潜水調査船しんかい6500完成 大型タンカーバルディーズ号が座礁
- **1992年** リオデジャネイロで地球サミット開催
- **1997年** ●地球温暖化防止京都会議で京都議定書が採択
- **2002年** ヨハネスブルグで地球サミット開催
- **2003年** ヒトゲノム解読完了
- **2007年** ●海洋基本法　施行
- **2009年** ●海岸漂着物処理推進法　施行
- **2012年** リオデジャネイロで地球サミット開催
- **2015年** SDGsが採択される（ゴール14「海の豊かさを守ろう」） 太陽系外惑星「K2-18 b」から初めて水を検出
- **2016年** 世界経済フォーラムで2050年までに海洋プラスチックごみが魚の総重量を超すという予測が発表される
- **2017年** ユネスコが「万人のための海洋リテラシー」を国連会議で提案
- **2019年** 探検家ヴィクター・ヴェスコヴォが深海艇リミティング・ファクター号でマリアナ海溝チャレンジャー海淵10,925mまで到達 ●G20大阪サミットで大阪ブルー・オーシャン・ビジョンを提案・共有
- **2021年** 国連海洋科学の10年がスタート
- **2022年** 世界人口が80億人を突破
- **2023年** 木星氷衛星探査計画 探査機JUICE打ち上げ
- **2024年** ●再エネ海域利用法　施行

コン・ティキ号
有人宇宙飛行
アルビン号
DNA
現在

ここからの歴史の主人公は私たち。
海と人のいい関係をつくっていこう！

プレシオサウルス
アンモナイト
クジラの祖先

- 2.3億年前　ほ乳類が誕生
- 2.1億年前　生物の大量絶滅
- 12/16（2億年前）　ジュラ紀　恐竜が繁栄
- 1.8億年前　パンゲア大陸が南北に分裂しはじめる
- 1.5億年前　鳥類の出現
- 1.2億年前　世界最大の海底台地オントンジャワ海台がつくられる。花が咲く植物（被子植物）が誕生
- 12/24（1億年前）
- 1.2-0.9億年前　石油の根源岩が世界の海底にたまる
- 6,600万年前　小惑星が衝突、恐竜が絶滅
- 5,600万年前　暁新世ー始新世温暖化極大
- 5,000万年前　ほ乳類が多様化　インド亜大陸がユーラシア大陸に衝突
- 2,000万年前　日本海が拡大しはじめ、日本列島がつくられる
- 12/31（1260万年前）　1,260万年前
- 現在
- 未来

\ 田口康大さん教えてください! /

"海洋リテラシー"ってなんですか?

近年、海洋教育にかかわる人々の間で注目が集まりつつあるこの言葉。どんな意味で、何を目指しているのか、研究者の田口康大さんに聞きました。

海の基本的な知識を身につけること?

意外かもしれませんが、知識を得ることが目的ではないんです。海洋リテラシーとは、教育を通じて**海が自分たちにあたえる影響と、自分たちが海にあたえる影響を理解すること**。より具体的には、右の**7つの原則を理解**することです。さらに、理解しておわり、ではなく、海について**さまざまな人と対話し、海とのかかわりかたを選択・判断できるようになる**こともふくまれています。まずは自分たちの住む地域の海の魅力や海とかかわってきた歴史、海洋ごみなどの問題、ときには素朴な疑問に目を向け、探究することからはじめ、その過程で必要な知識が身についていくというかたちが理想です。

なんで海洋リテラシーが必要なの?

海洋リテラシーという言葉はアメリカで、子どもたちが海についての知識を得る機会が少なすぎるという問題意識から生まれ、**2017年にユネスコ(UNESCO)が世界に向けて発信**しました。アメリカだけでなく、**世界的にオーシャン・ブラインドネス(Ocean Blindness)が問題になっているから**です。オーシャン・ブラインドネスとは、海についての知識が少ないだけではなく、海への関心がうすく、海と人がいかに密接に結びついているかについて想像力が働かない状態のことです。

キーポイント

海洋リテラシーの7つの基本原則

1. 地球には、多様な特徴を備えた巨大なひとつの海洋がある
2. 海洋と海洋生物が地球の特徴を形成する
3. 海洋は気象と気候に大きな影響をあたえる
4. 海洋が地球を生命生存可能な惑星にしている
5. 海洋が豊かな生物多様性と生態系を支えている
6. 海洋と人間は密接に結びついている
7. 海洋の大部分は未知である

目の前の海はもちろん、はるか遠い世界の海への想像力を育む海洋教育が求められている

でも 日本は海に囲まれているし、教科書にも海について書かれているから、知識や関心はあるのでは？

そう思いますよね。ところが実際には、知識が**教科別に分かれていると、自分たちの日常と海とのつながりが見えにくくなってしまいがち**なんです。日本財団の調査によると、この一年で海を訪れたことがない人の割合は50%以上。海の近くに暮らしている人を入れても**半分以上の人が海に接点がない**ということになります。あわせて、海洋問題への認知度も徐々に下がっています。海洋リテラシーは、**海にあたえる影響、海からの影響が大きい日本でこそ、より重要なもの**なのです。

田口さんは どんなこと をしているの？

海洋リテラシー教育を全国の学校でどう実践するのがいいか、各地で実際にいろいろな試みを重ねながら国や教育現場に提案しています。**津波被害を受けた沿岸のまち、海が見えない内陸のまちなど、子どもたちと海とのかかわり方はそれぞれちがう**ので、その地域に合う実践方法を考えます。学校だけでなく地域の人や企業などさまざまな立場の方と一緒に進めるために、**みなとラボ**という組織も立ち上げました。どの活動でも**日本の海洋リテラシーを底上げしよう**という目的は同じです。

海とともに生きてきたまち・気仙沼の小学生と授業でつくった移動式ビンゴゲーム「おさんぽBINGO®-気仙沼-」。数字の代わりに気仙沼の魅力がアイコンで描かれている。みなとラボが広告制作会社サン・アドと協力して実施し、製品化や販売営業などをサポート

なんだか 海がない地域で海に関心をもってもらうのはちょっと大変そう……

海洋環境デザインのワークショップで、世界中から集められた貝や海藻をつかい、思い思いのお面をつくる子どもたち

実は必ずしもそうでもなくて、沿岸にいると目の前の海に注意がいってしまい、遠い海で起きていることに想像が働かなくなったりもします。海に対する想像力を刺激するには、アートやデザインの力が欠かせないのではないかと思って、海洋環境デザインというテーマで**アーティストやデザイナーの方々と対話の機会をつくり、海に関する展示やワークショップを開催**しています。科学や歴史・文化といった切り口に限らず、海とのさまざまなかかわり方を探り、提案していきたいと思っています。

みなとラボと日本財団による共同展示企画「OCEAN BLINDNESSー私たちは海を知らない」

海のことを知って
そこでおわりにせず、
行動につなげよう！

東京大学大学院教育学研究科附属海洋教育センター特任講師
一般社団法人 3710Lab（みなとラボ）代表理事
田口康大さん

海洋教育の専門家として、さまざまな地域で学校の授業デザインや学校を軸にした地域づくりに取り組みつつ、日本型の海洋リテラシーを研究・提唱している。制作した書籍に『OCEAN BLINDNESS　海洋環境デザインの未来』など。

＼ 田口さんの研究拠点 ／

海洋教育センター
https://www.cole.p.u-tokyo.ac.jp

海のことをもっと知りたい人へ

選・文／みなとラボ

いろんな視点で
海を見てきたけれど、
探究の旅は
まだはじまったばかり。
ここで紹介する本や映像を
入り口に、さらに
好奇心を広げてみよう！

Book

海

加古里子：文・絵
福音館書店　1969年

海の地形とそこに暮らす生きものたちが、こまかくていねいに描かれた科学絵本。波打ちぎわから魚がたくさん泳ぐ海の中、漁や調査の様子、さらには海の底深くまで、海のさまざまなシーンが続く。ページをめくるごとに海が深くなっていき、気づくと目の前の海から地球を囲む海全体へと視点が変わっていく。巻末の解説も充実の内容で、何度でも読みたくなる。

Book

海洋を冒険する切り絵・しかけ図鑑

エマニュエル・グランドマン：文
エレーヌ・ドゥルヴェール：絵
檜垣裕美：訳
化学同人　2022年

大きな本をめくると、思わずふれたくなるほどこまかく美しく、ダイナミックな切り絵としかけが目に飛び込んでくる。海の世界が色とりどりに紹介され、冒険するような気持ちで読み進めれば、身近な浜辺から深海までさまざまな海の姿を知ることができる。見ているだけでも楽しいが、知っておきたい海の知識もしっかり書かれているから、親子で読みたい1冊。

Book

海は生きている

富山和子：作
大庭賢哉：絵
講談社　2017年

すべての自然環境や暮らしを支える海。その海は森や林が育んでいる。海を語るとき、山や川とのつながり、暮らしのつながりが実感できると、さまざまな循環が見えてくるようになるはず。日本の海を中心に古くからつみ重ねてきた知恵や技術、さまざまな問題に立ち向かう挑戦、文化や自然現象をわかりやすく紹介。児童書でありながら、ミクロとマクロで海を考えられる入り口となる本。

Book

OCEAN ビジュアル海大図鑑

シルビア・A・アール：著
竹花秀春、倉田真木：訳
日経ナショナルジオグラフィック　2024年

海洋生物学者の視点で選ばれた美しくダイナミックな海の写真が450点、海洋地図が50点以上掲載されたページは、めくるたびにワクワクする海図鑑。海の生きものたちが集まって泳ぐ姿など、いきいきとした写真とともにその不思議な生態が解き明かされる。最後のパートでは、海と私たちのつながりから、まもるべき海についても考えさせられる。

Book

われらをめぐる海

レイチェル・カースン：著
日下実男：訳
早川書房　1977年

環境保護活動にも熱心に取り組んだ海洋生物学者、レイチェル・カーソンによる名作のひとつ。1960年代の科学的裏づけがベースのノンフィクション。地球誕生からはじまり、海や生きものの誕生へ。「生命の母」であり続けてきた海の神秘に迫っていく。美しい表現で語られ、私たちはなぜ海にひかれ、また考え続けるのか、その想いにふれることができる。農薬の危険性を伝える『沈黙の春』も合わせて読みたい。

小学生から

中学生から

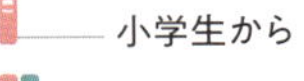
高校生から

Book

センス・オブ・ワンダー

レイチェル・カーソン：著
上遠恵子：訳
新潮文庫　2021年

幼いロジャーと一緒に夜の海で感じた地球のダイナミックさやこわさ。雨が降る森の中で見つけた自然の不思議など、いまの私たちが忘れかけている自然にふれる大切さに気づかされる。知ることは、感じることの半分も重要ではない——。知識も大切だけど、人間を超える存在があることに気づき、その神秘を感じ取れる感性も育てていきたい。

Video work

映像 海—いのちをめぐる旅

大桃洋佑：監督
東京大学大学院教育学研究科附属海洋教育センター、日本財団：企画・監修
2019年

すべての生きものの基盤となる海に生きる植物プランクトン。そこから途切れることなく続いていく命のサイクル。太陽の熱で温められた海の水は水蒸気となり、山へ運ばれ陸の命をうるおす。地球の約3/4をおおう広い海。海の中にはどんな世界が広がり、私たちの命とどうつながっているのか。海との根源的なつながりをわかりやすいアニメーションで紹介。

Book

なみのいちにち

阿部 結：作
ほるぷ出版　2022年

作者が、波を主人公にある1日を描いた絵本。海で起こるさまざまな出会いやできごとを波自身が語る。朝日に照らされキラキラと光る波や子どもたちと元気に遊ぶ波、どこかやさしい気持ちになれる夕日に照らされた水面。美しく描かれた海や波の姿に心が動き、きっと海に行きたくなるはず。船乗りの回想シーンに描かれた、海とともに生きる姿が印象的。

Book

うみべのいす

内田麟太郎：文
nakaban：絵
佼成出版社　2014年

絵本の中に広がるのは、色とりどりのドットであらわされた海の世界。砂浜に海の方を向いてぽつんと置かれたいす、「すわっているのはだれかしら」というやさしい語りかけ。すわった人たちは目の前に広がる海をながめながら何を思うのだろうか。見ている私たちも一緒にながめているような気持ちになれる。見るたびにちがった感覚になれる不思議な絵本。

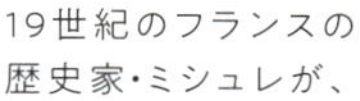

Book

海

ジュール・ミシュレ：著
加賀野井秀一：訳
藤原書店　1994年

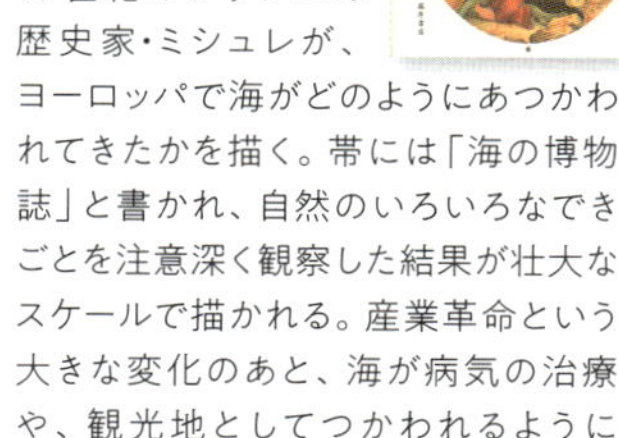

19世紀のフランスの歴史家・ミシュレが、ヨーロッパで海がどのようにあつかわれてきたかを描く。帯には「海の博物誌」と書かれ、自然のいろいろなできごとを注意深く観察した結果が壮大なスケールで描かれる。産業革命という大きな変化のあと、海が病気の治療や、観光地としてつかわれるようになったいきさつを知ることができる。

Book

海に生きる人びと

宮本常一：著
河出書房新社　2015年

日本の漁業、水上で荷物を運んできた船の歴史など、海にまつわる歴史には、それを支えてきた人びとがいることも忘れてはならない。日本は四方を海に囲まれているからこそ、それぞれの地域で海を生活の中心として暮らす「海に生きる人々」がいる。その暮らしは日本の歴史においてどのようなものだったのか。民俗学者が人々の声に耳をかたむける。合わせて『山に生きる人びと』も読みたい。

Book

遙かなるグルクン

中村征夫：著・写真
日経ナショナルジオグラフィック　2016年

沖縄の県魚にも指定されている「グルクン（タカサゴ）」。グルクンを追うのは、「アギヤー」と呼ばれる伝統的な追いこみ漁（現在は伊良部島（いらぶじま）1か所のみ）。海に生きる男たち、「サバニ」と呼ばれる漁船、水中での魚の動き、過酷な漁の様子、水中写真家が魅了された30年にわたるグルクンをめぐる漁の写真。まるで水しぶきが飛んできそうな臨場感がある。

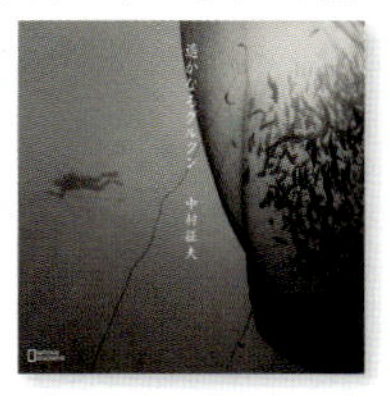

Book

ファーストペンギン シングルマザーと漁師たちが挑んだ船団丸の奇跡

坪内知佳：著
講談社　2022年

だれも踏み入れたことがない新しい分野にチャレンジする人のことをファーストペンギンと呼ぶ。まさにこの本の著者がそうだ。海のことを知らなくても、日本の漁業を変えるため、漁師たちとけんかをしながら夢を叶えていく。反対する人が現れても、あきらめずに続ければ実現できると証明した、海の未来のために必要なことが学べる1冊。

Book

海の歴史

ジャック・アタリ：著
林 昌宏：訳
プレジデント社　2018年

「海を破壊し始めた人類は、海によって滅ぼされるだろう」。そんなおどろくような言葉からはじまり、人類史上の重要なできごとが海とかかわってきたことを教えてくれる。それとともに、つきつけられるのは、人が海を大事にしてこなかったという事実。そのためにいま海で起きている危機的状況に、どう向き合っていくのか。最後にその道しるべが差し出される。

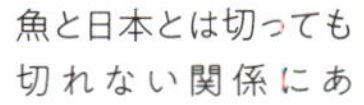
Book

魚の文化史

矢野憲一：著
講談社　2016年

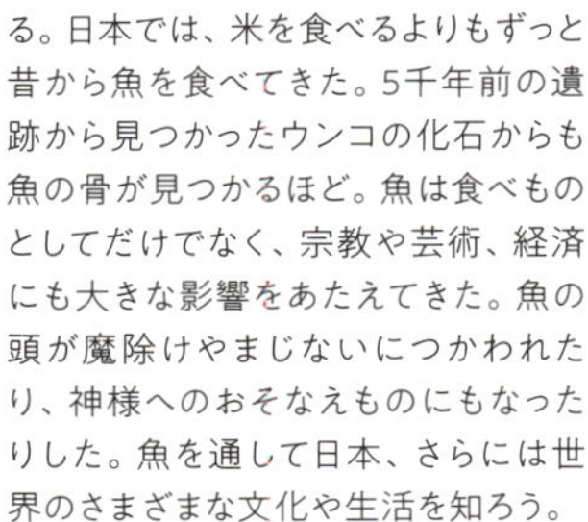

魚と日本とは切っても切れない関係にある。日本では、米を食べるよりもずっと昔から魚を食べてきた。5千年前の遺跡から見つかったウンコの化石からも魚の骨が見つかるほど。魚は食べものとしてだけでなく、宗教や芸術、経済にも大きな影響をあたえてきた。魚の頭が魔除けやまじないにつかわれたり、神様へのおそなえものにもなったりした。魚を通して日本、さらには世界のさまざまな文化や生活を知ろう。

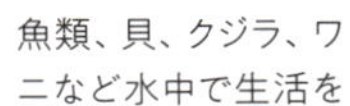
Book

世界魚類神話

篠田知和基：著
八坂書房　2019年

魚類、貝、クジラ、ワニなど水中で生活をする生きものだけでなく、河童、人魚、竜など空想上の生きものまで、さまざまな神話、昔話、伝説、文学などを集めた1冊。日本と世界の神話を比べるとどんなちがいがあるのだろう。図版も多く、イメージしやすいのもうれしい。読んだあとは、これまでの生きものの見方が少し変わるかも。

Video work

映画　空に聞く

小森はるか：監督・撮影・編集
福原悠介：撮影・編集・録音・整音
東風　2018年

「陸前高田（りくぜんたかた）災害FM」ラジオパーソナリティの阿部さんは、東日本大震災のあと、地域の人々、再建されていくまちの様子を、声を通してとどける。まちの人がいつかの陸前高田を懐かしみ、笑い泣くそばで、阿部さんがその想いや記憶に寄り添う姿が映し出される。刻一刻と変わる現実の中、確かに存在したやさしくてあたたかい空間を想い、空を見上げてみてほしい。

Book

小学館の図鑑 NEO POCKET プランクトン ～クラゲ・ミジンコ・小さな水の生物～

山崎博史・仲村康秀・田中隼人：指導・執筆
小学館　2024年

もし地球上にプランクトンがいなかったら、地球はほろびるといわれている。地球において重要な役割をになっているプランクトンを中心に、水の中にすむ生物を500種類以上紹介する図鑑。プランクトンは「小さな生物」というイメージがあるが、実は大きさは定義ではない。暮らし方のタイプによって分類されるプランクトンの美しい写真とともに、水の中の世界をのぞいてみよう！

Book

魚たちの愛すべき知的生活 何を感じ、何を考え、どう行動するか

ジョナサン・バルコム：著
桃井緑美子：訳
白揚社　2018年

私たちは「魚」と聞いたとき、どこまでその一匹一匹を個としてイメージしているだろう。人は魚を見下しているのでは？　という問いかけにドキリとするが、さまざまな科学研究や論文には、魚にはおどろくべき知性と感情が備わっているらしい、とある。いままで語られることのなかった魚の視点で描かれる海の世界と魚の行動。魚の目線になって海を見てみると面白い発見にあふれている。

Book

教養としての宇宙生命学 アストロバイオロジー最前線

田村元秀：著
PHP 研究所　2022 年

「海」を考えることは、必然的に「地球」を考えることでもある。地球を考えることは、「宇宙」を考えることともいえる。何万年、何万キロという途方もない時間や距離をかけて、かたちづくられてきた地球で、どのように生命が誕生したのか。「アストロバイオロジー」という宇宙生物学の視点から、地球だけでなく地球外の生命の起源や進化について考えをめぐらす。

Book

海藻　日本で見られる 388 種の生態写真 + おしば標本

阿部秀樹：写真
野田三千代：おしば
神谷充伸：監修
誠文堂新光社　2012 年

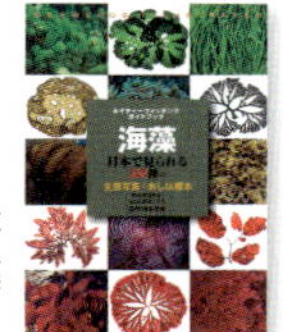

北海道から沖縄まで、日本で見られる388種もの海藻がおさめられた海藻図鑑。水中で育つ様子から、「おしば」と呼ばれる押し花のように標本にしたものも掲載され、その美しさは必見。さまざまな海藻を食べてきた日本の食文化や歴史など、私たちの暮らしと海藻の関係についても学ぶことができる。巻末にはおしばのつくり方も載っているので、チャレンジしてみるのも楽しい。

Book

クジラがしんだら

江口絵理：文
かわさき しゅんいち：絵
藤原義弘：監修
童心社　2024 年

日の光がとどかず、食べものの少ない深海底に、ある日、命をおえた大きなクジラが落ちてきた。そこに集まってきたのは……？　生命のおわりからはじまる深海の大宴会と、宴のおわりに外の世界へと旅立った小さな命のゆくすえを描いた科学絵本。「鯨骨(げいこつ)生物群集」と呼ばれる生物たちの、知られざる顔ぶれや生態におどろかされる。子どもはもちろん、深海生物に興味のある大人にも。

Book

海獣学者、クジラを解剖する。

田島木綿子：著
山と溪谷社　2021 年

海で暮らすほ乳類の中で、もっとも大きいクジラ。日本では年間300件ほどの海のほ乳類による「ストランディング（漂着、座礁）」がある。そんなクジラを解剖してきた研究者が、わかりやすい言葉とイラスト、なにより現場で起こるできごとをリアルに語る科学エッセイ。クジラは解剖され、標本になっていくまでに、どんなことを私たちに教えてくれるのだろうか。

Book

ウナギが故郷に帰るとき

パトリック・スヴェンソン：著
大沢章子：訳
新潮文庫　2023 年

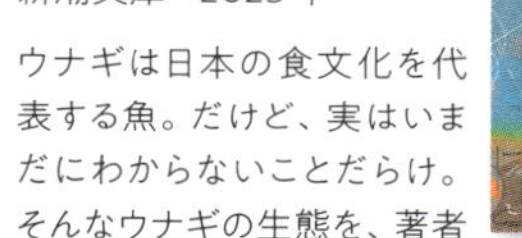

ウナギは日本の食文化を代表する魚。だけど、実はいまだにわからないことだらけ。そんなウナギの生態を、著者が父とのウナギ釣りの思い出をふりかえりながら解き明かしていく。生物に関する本かと思いきや、ウナギの習性を知っていくうちに、「生きる、死ぬとは何か」という大きな問いが浮かびあがる。最終的には、ウナギの一生を通し、人間の人生を考える。

Video work

映画　驚き！ 海の生きもの超伝説 劇場版ダーウィンが来た！

NHK／JAMSTEC／DISCOVERY CHANNEL/NEP：映像提供
ユナイテッド・シネマ：制作・配給
NHKエンタープライズ：制作・発行・販売
2022 年

何億年もかけて進化してきた海洋生物たちの驚異的な生態が描かれるドキュメンタリー。巨大なジンベエザメ200尾の大集結、海底を埋めつくすクモガニ、アマミホシゾラフグがつくるミステリーサークル、アザラシのひとり立ち、トビウオの跳躍など、圧巻の映像が続く。生きものたちがそれぞれに生きるための知恵をもっていることに、海の神秘を感じる。

Book

ヤマケイ文庫 手塚治虫の海

手塚治虫：著
山と溪谷社　2022 年

海を舞台に描かれた手塚治虫(てづかおさむ)のマンガから10編をセレクトした名作選。海で起こるさまざまなできごとを前に、人間はどんな行動をおこすのだろうか。海の豊かさを描き、同時に人間のおろかさや自然のおそろしさを伝える。海とどう向き合い、どう生きることができるのか、マンガを通して私たちに投げかける。山、森、動物などほかのシリーズと合わせて読みたい。

Book

解決できなかったわたしたちの問題 ～海とごみと高校生～

ペットルと黒いかげ

プラスチックくじら：原案
みなとラボ：編集
村手景子：物語
芦野公平：絵
みなとラボ出版　2022年

長崎県立長崎東高等学校2年生（当時）4人が、「総合的な探究の時間」という授業をきっかけに本を制作。「海洋ごみ」について自分たちの活動や考えをまとめた等身大のページに加え、もっと小さな子どもにも海洋ごみのことを知ってもらうため、絵本としても読めるように両開きの本になっている。同じような活動をする生徒や先生、子どもたちが一歩を踏み出すきっかけに。

Book

新装版
苦海浄土　わが水俣病

石牟礼道子：著
講談社文庫　2004年

水俣(みなまた)病は工業廃水の水銀が海に流され、汚染された魚や貝を食べた人たちが手足のしびれや痛みにおそわれた四大公害病のひとつ。水俣病の患者たちの言葉には、海とともに生きてきたからこそ語ることができる、きらめくような豊かな海の姿がある。それゆえ、その海をうばわれ、命が失われてきたくやしさには魂がこもる。人が海と生きるとは——。いつまでも読み継がれるべき名文学。

Book

使い捨てない未来へ
プラスチック「革命」2

更家悠介：責任編集
日経BP　2022年

海洋プラスチック問題をどうとらえ、何をしていくことが大事なのだろうか。そもそも何が問題なのか？　そんな疑問に対し、事例やデータをまじえながら、問題解決に向けての取り組みや成果、そして課題が示される。さまざまな分野からの視点がわかるが、共通しているのは「答え」が出ていないこと。だからこそ、一緒に考えていきたくなる1冊。

Book

海をあげる

上間陽子：著
筑摩書房　2020年

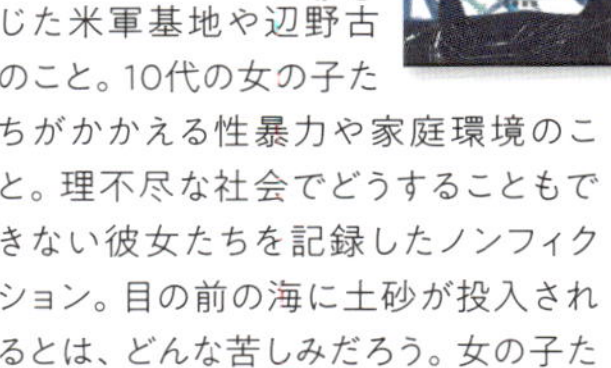

沖縄に暮らす著者が感じた米軍基地や辺野古(へのこ)のこと。10代の女の子たちがかかえる性暴力や家庭環境のこと。理不尽な社会でどうすることもできない彼女たちを記録したノンフィクション。目の前の海に土砂が投入されるとは、どんな苦しみだろう。女の子たちはどんな日常を送っているのだろう。まずはここで語られたことを受け取ることからはじめよう。

Book

つなみ

ジョイデブ&モエナ・チットロコル：著
スラニー京子：訳
三輪舎　2018年

2004年に起きたインド洋大津波を題材にした絵本。インドの伝統的な語り絵師「ポトゥア」が描いたもので、蛇腹折になったページを広げると約180cmもの一枚絵になる。津波がもたらした被害や悲しみとともに、人々が助け合った事実まで、大津波で現れたできごとを鮮やかな色彩とリズミカルな語り口調で表現。すべて手作業でつくられた絵本の感触も印象的。

Video work

映画　プラスチックの海

クレイグ・リーソン：監督
ユナイテッドピープル：配給
2016年

海を泳ぐクジラの姿に魅せられていると、映像に映し出されたのは海面に浮かぶ無数のプラスチックごみ。海洋ごみの事実を知り、ジャーナリストであるクレイグ・リーソンはみずからが監督となり、調査をはじめる。次々に映し出される画面いっぱいのプラスチックごみは、私たちの生活がもたらしたものだ。そんな私たちがいますべきことはなにか。そのはじめの一歩がここにある。全人類必見！

Book

かいてまなべる冒険ガイド うみ！

ピョートル・カルスキ：文・絵
渋谷友香：訳
文響社　2024年

手を動かしながら楽しく海を知りたい人には、直接描きながら体験できるこの絵本がおすすめ。なぜ海は青いの？　海の深さはどれくらい？　海賊っているの？　など、海にはわからないことがたくさん。海の生きものたちの秘密、船と船乗りにまつわる歴史、世界の海の地理、水圧や浮力、塩水と真水のちがいなど海のあれこれを、おえかき・工作・実験ができる106のワークと13のゲームで学ぼう！

Book

水中考古学
地球最後のフロンティア

佐々木ランディ：著
エクスナレッジ　2022年

耳なじみのない「水中考古学」という学問。でも、水中遺跡とか沈没船、海底調査といわれると少しは想像できるかもしれない。歴史上のものとして語られるあの船や都市も、ひっそりそのまま残っているのかも。それを研究していけば、人と海の関係も見えてくるはず。これまでの常識だって、変わってしまう!?　それほど海の中には未開の地が、そして好奇心を刺激する世界が広がっている。

企画

BLUE OCEAN FOUNDATION

公益財団法人
ブルーオーシャンファンデーション

G20大阪サミットで提案された「大阪ブルー・オーシャン・ビジョン」をきっかけに、2021年設立。プラスチックによる海洋汚染の防止や、海の持続的活用を目指し、環境教育による啓発、各種イノベーションの創出や普及・実践を通じて、地球の環境保全に寄与するとともに、コミュニティや国々において、ゼロ・エミッションによる循環型社会の実現を目的として活動している。

https://blueocean-foundation.com

特定非営利活動法人
ZERI JAPAN

資源とエネルギーを循環再利用し、廃棄物を0に近づける「ゼロ・エミッション構想」(ZERI：Zero Emissions Research and Initiative)を出発点に2001年設立。2023年より航海練習帆船「BLUEOCEAN みらいへ」を所有し、海洋教育にも力を入れている。2025年開催の大阪・関西万博において海の蘇生をテーマにしたパビリオン「ブルーオーシャン・ドーム」を出展予定。令和3年度気候変動アクション環境大臣表彰受賞。

https://www.zeri.jp

編著

Think the Earth

一般社団法人シンク・ジ・アース

クリエイティブの力で社会・環境問題への無関心を好奇心に変え、持続可能な社会づくりを担う人や企業を育てることを目標に2001年設立。地球時計「wn-1」、写真集『百年の愚行』、書籍『1秒の世界』、大型映像「いきものがたり」ほか多数のプロジェクトを手がける。2017年に教育支援活動としてSDGs for Schoolプロジェクトを開始、書籍『未来を変える目標　SDGsアイデアブック』を発行した。

https://www.thinktheearth.net/jp/

本書の刊行および寄贈にあたり、活動資金の一部をクラウドファンディングサービス「READYFOR」を通じて募りました。下記のみなさまからご支援をいただきましたことに感謝いたします。

あいざきかほり
縣 秀彦
秋田智康
東 庸介
阿部昭彦
阿部大輔
新井誠司
有福英幸
池田裕行
石川明子
石川陽子
石野三保子
石原真木子
犬束ゆかり
岩井光子
上田正名/光子
鵜飼 誠
牛久保 聡
産形利恵
大地本由佳
大塚哲弘
大野智彰
小笠原崇道
小笠原俊史
笠松千夏
梶原美紀
カトウカズヤ
加藤雄一
釜坂 綾
川内実香
川廷昌弘
河村賢治
木下綾三
熊谷てるみ
小泉淳子
小泉仁郎
木暮淳子
こもりいづみ
櫻井正男
櫻田彩子
重松 賢
篠木賢正
島田卓也
白土謙二
新川香里
新美真理子
須賀禎之
鈴木秀人
鈴木優介
曽我悦男
代島裕世
高平奏太
滝澤博正
竹内愛子
武田美亜
竹見太郎
千頭一郎
常野 崇
中川敬文
新津真一郎
西村吉史
信國恵美
白田侑子
橋本元司
濵上達也
濵田芳治
林 美香子
平野夕焼
福島 治
福田亮子
布施直人
古谷一可
牧原ゆりえ
政本ゆかり
松藤史紹
水野誠一
水野雅弘
三森たかし
宮下英一
宮田至康
森 博子
森山智香子
簗瀬千詠
山口真奈美
山阪佳彦
山田莉香＆航平
山本孝次
山本哲史
横内千鶴子
米田伊織

株式会社アントレ・ラボコーポレーション
一般社団法人エディブル・スクールヤード・ジャパン
NPO法人唐津Farm&Food
ちろもの宿
株式会社フープ
NPO法人まちの食農教育
株式会社ルーツ・アンド・パートナーズ

あおいほしのあおいうみ
The Blue Oceans of a Blue Planet

2024年10月17日　第1刷

企　画　公益財団法人ブルーオーシャンファンデーション
特定非営利活動法人 ZERI JAPAN

編　著　一般社団法人シンク・ジ・アース

企　画　更家悠介

編集統括　上田壮一（Think the Earth）

編　集　江口絵理　小泉淳子　須賀智子　松本麻美

編集補佐　笹尾実和子　重松直子（Think the Earth）

編集協力　巽 昭夫　新居誠一郎　福田裕司（Blue Ocean Foundation）
代島裕世　竹内光男（ZERI JAPAN）
小倉快子　田口康大　田村美季　ハウレット・エリー・リー（みなとラボ）

執　筆　岩井光子　上田壮一　江口絵理　勝木美穂　小泉淳子
佐藤恵菜　佐藤由佳　須賀智子　鈴木ゆう子　中根敬子

イラスト　加藤休ミ　木内達朗　きのしたちひろ　田渕周平　友永たろ
原田俊二　parayu　吉野由起子　ワタナベケンイチ

写　真　平井慶祐　平川雄一朗

デザイン　松本嘉子 (zeph design)　浅野 悠 (Two half labo.)

協　力　磯部麻子　山藤旅聞　横山 聡
一般社団法人ブルーオーシャン・イニシアチブ

制作協賛　岩井コスモ証券株式会社　SARAYA

制　作　SPACEPORT Inc.

印刷・製本　瞬報社写真印刷株式会社

発行元　一般社団法人シンク・ジ・アース
https://www.thinktheearth.net/jp/

発売元　株式会社紀伊國屋書店
〒153-8504　東京都目黒区下目黒 3-7-10　ホールセール部（営業）☎ 03-6910-0519

※本書の売り上げの一部は、海の保全活動や環境教育のために使われます。

ISBN 978-4-87738-612-2